# インデックスマップ

本書で取り上げた各コースの地形図の範囲を赤枠で示しています。▼マークは、ここもおすすめ！で取り上げた地点の位置です。それぞれのコースの解説は、枠内に示したページを見てください。

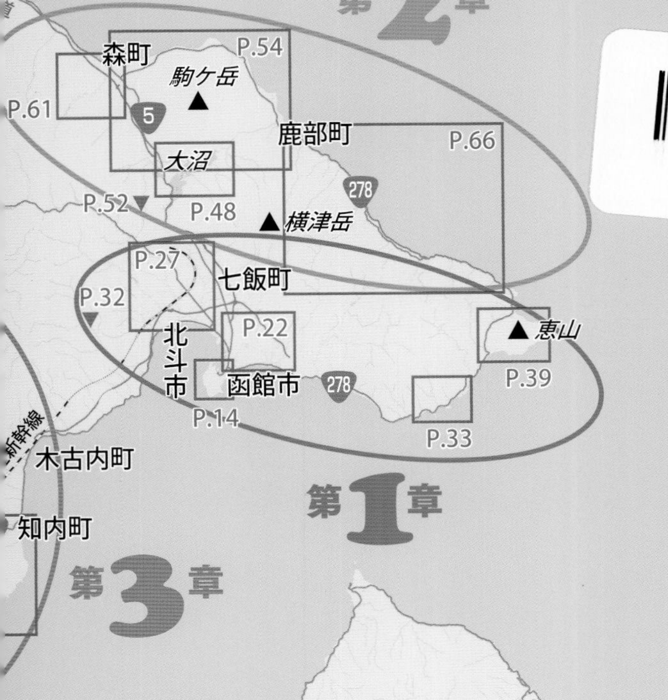

海岸ぐるり！

# 道南の地形と地質

前田寿嗣

北海道新聞社

# 序にかえて

真っ青な海と、その海にせまる緑豊かな山々。道南の海岸ではどこへ行ってもこのような景色が続きます。道南の観光地といえば函館や大沼周辺が有名ですが、それ以外にも道南にはまだまだ訪れてほしい魅力的な自然観察のスポットがたくさんあります。海岸線を回るだけで、まったく知らなかった道南の自然と巡り合うことができるのです。

本書で取り上げている道南は渡島半島全体をカバーしています。北は寿都(すっつ)から南は白神(しらかみ)岬まで、直線距離にして150km以上におよびます。これだけ広い地域の中から、本書では道南の観光スポットをふくめて車で手軽に行くことができるポイントを案内し、そこでしか味わえない道南の自然について、地形・地質の観察を中心にわかりやすく解説しています。たんなる観光地巡りではなく、これまでとは違った視点で自然を“観る”ための観光ガイドブックとしても使えるでしょう。本書を手にして実際にその場所を訪れた人たちは、だれしも道南の自然の魅力と奥深さを知り、大地を変化させるとてつもない力と長大な時間のスケールに驚くことでしょう。

道南を巡っていると、海と山ばかりで人間が生活するにはきびしい自然の地であることにも気がつきます。断崖が続く海岸では、そこに道路を造るだけでも大変な苦労があります。海岸線を通っていた道路は崖崩れなどによってたびたび通れなくなることもあり、危険箇所を回避し“陸の孤島”となることを防ぐためのトンネルが何本も掘られてきました。ところどころで目にする旧道や廃トンネルを見ると、道南の自然と人間との戦いの跡のようにも思えてきます。

道南の地質の基盤は北海道の中でも古く、1億5000万年以上前の中生代ジュラ紀の付加体(ふかたい)とされています。このような古い地質を手に取って見ることができるのも道南ならではです。

切り立った海岸の断崖の多くは海底火山の噴出物でできており、それらを新しい時代の溶岩などがおおっています。これらはすべて過去に起こった大地の変動の結果です。本書では各コースで、そこから読み取れる大地の成り立ちにもふれています。

これまでに出版した『地形と地質』と同様に、本書でも手軽に行ける地点を結んでコースを設定し、そこを訪れた人が実際に景色や露頭を見たり、岩石などを手に取ることができる場所のみで構成してあります。したがって地質学的に重要なポイントであっても、危険の多い場所や地質の専門家しか行けないような地点は取り上げていません。

本書で設定した観察コースの大部分は、海岸沿いの道路を巡るコースです。現在は道路が整備されているので、昔のように危険を感じる道はほとんどありません。しかし有名観光地以外を訪れる人はまだ少数です。本書を見ながら、これまでとは違う地形•地質の観察にスポットをあてた新しいスタイルのドライブをぜひ満喫してください。

観察のときは危険の予知や回避は自分の責任で行うことが不可欠です。とくに道南の山々はヒグマの生息地なので、車の運転中でも山道に入ったら十分に注意する必要があります。貴重な自然を残すため、道南の海岸の多くは道立自然公園に指定されています。立入禁止や行動が厳しく制限されている地域では必ず指示に従い、良識ある行動をとってください。

本書を手にしてぜひ道南にお出かけください。そして、あなた自身に、新たな発見や感動があれば望外の喜びです。

2024年2月

著者

# 海岸ぐるり! 道南の地形と地質

# 目 次

# この本の使い方

1億5000万年前　1億年前　2000万年前　1000万年前　現在

先白亜紀　白亜紀　新第三紀　第四紀

## 大沼公園　流れ山がつくった絶景

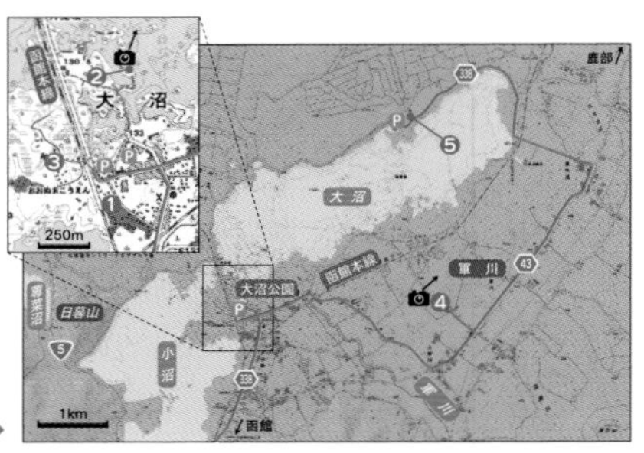


ルート　P大沼公園―2分→❶大沼国際交流プラザ
―2分→❸昭和寺前　―11分→❷大沼散策路
→❹軍川地区→❺大沼駒ヶ岳神社

みどころ　駒ヶ岳(こまがたけ)を背景にたくさんの小島が水面に浮かぶ大沼公園は、道南でははずせない観光スポットです。駒ヶ岳と大沼、小沼などの湖沼をふくめた一帯は、1958(昭和33)年に北海道で最初に指定された国定公園でもあります。ここを訪れると、そののどかな風景にいつまでも浸っていたい気分になります。

この風景がつくられるもととなったのは、1640(寛永17)年に起こった駒ヶ岳の大噴火です。この噴火では山体が大規模に崩壊して岩屑(がんせつ)なだれ*が発生し、南側に流れた岩屑なだれは折戸(おりと)川をせき止めて大沼をつくりました。大沼のまわりを巡りながら、駒ヶ岳の大噴火の痕跡を探していきましょう。

48

### 年代スケール

コースで観察できる地質のおよその年代の範囲を赤い囲みで示しています。年代は右ほど新しくなります。

### 地形図

方位はすべて上が北です。観察地点の番号と位置、本書の説明に沿ったコースを赤で示しています。車で移動する部分は実線、歩く部分は点線で表示しています。トンネルは濃い灰色、おもな覆道はうすい灰色になっています。

カメラマークのある地点では、説明に掲載されている写真の撮影方向を矢印で示しています。

### ルート

観察地点を順番に巡るコースを示しています。番号は地形図および本文の観察地点番号と対応します。Pは駐車場のある観察地点です（一部は有料）。地点間のおよその距離は、地形図のスケールで見てください。徒歩の部分には大人が片道にかかるおよその時間を示しました。次の地点への→がつながらないところは、前の地点や駐車場まで引き返すことが必要です。

### みどころ

このコースでどのような地形や地質が見られるのか、観察のポイントを紹介し、知ってほしいことや考えてほしいことなどが書かれています。

### ここもおすすめ！

本書のところどころに「ここもおすすめ！」のページがあります。ほかの観察地点から少しはなれていますが、地形・地質の理解を深めるためにぜひ訪れてほしい場所です。

恵山は活火山です。事前に火山情報を調べて安全を確認しておきましょう。火山地帯なのでコースを外れると危険です。風の弱い日には火山ガスにも注意しましょう。

気象庁「恵山の活動状況」
https://www.data.jma.go.jp/svd/vois/data/tokyo/STOCK/activity_info/114.html

**④地点　溶岩ドームをつくる岩石**

恵山山頂までの登山道は権現堂（ごんげんどう）コースとよばれます。権現堂コースへ向かい、分岐点の130mほど手前まで来ると、まわりは巨大な岩が林立する斜面へと変わります。今いる場所は恵山山頂溶岩ドームの縁で、ここから山頂までに見られる岩は、すべて同じ溶岩ドームをつくっているものです。

▲恵山山頂溶岩に見られる流理構造（スケールは1m）

岩を見て何か異様な感じを受けるのは、岩に無数の孔が開いていて、それらが横にのびて積み重なっているからでしょう。この孔は溶岩にふくまれていたガスがたまっていた部分で、ガスを大量にふくんだままマグマ*が地表にしぼり出されたことを示しています。このときにガスの泡はくっつき合い、流れる溶岩の動きに沿って引きのばされたと考えられます。つまりここでは溶岩の流理構造*が細くのびた孔となって見られるのです。

**⑤権現堂コース　立ち並ぶ奇怪な岩と変質帯**

分岐点を右に折れて権現堂コースを登ります。コースの両側には、たくさんの穴が開いた奇怪な形の岩が続きます（☞p.44写真左上）。穴の直径は5〜10cmくらいのものが多いようです。岩に近づいてみると、岩質は灰色の安山岩*で白い斜長石*の結晶が多く、大きなものは5mm以上あります。

コースを進んでいくと、ところどころで地表の色が変わっていることに気がつきます。色は白や褐色が多く、黄色、あずき色の部分もあります。これらはかつての噴気孔や地熱地帯で、地質が変質して粘土鉱物などに替わっているのです。岩石が赤褐色をしているのは、岩石中の鉄分が高温で酸化したためです。現在

43

コースの中で、特に注意してほしいことが書かれています。野外観察では安全が第一です。危険の回避や安全確認、事前の許可申請などは各自の責任で行うようお願いします。立入禁止のところへは絶対に入らないでください。海岸の露頭では波の状況に注意しましょう。また、国定公園・自然公園内や私有地で許可なく試料を採取することは禁止です。必要な情報はスマホなどで調べましょう。

## 観察地点の写真

各地点で観察地点の視点をよく表わしているものを1枚以上のせてあります。
📷カメラマークのある写真は、地形図に示した矢印方向を撮影したものです。

## 観察地点の説明

地形図上のルートに沿った観察地点までの行き方と、その地点で観察できる地形や地質などの解説が書かれています。実際に自分の目で、書かれていることを確かめてください。道南は道路の幅がせまいところが多いので、観察や移動時は十分に注意しましょう。

## ＊マークについて

このマークがついている語句の意味はp.165からの「用語解説」に掲載しています。地形や地質には専門用語が多いので、理解を深めるのに役立ててください。

## 豆知識

コース案内のところどころに「豆知識」のコーナーがあります。そのコースに関連しているものを取り上げているので、観察のときにぜひ参考にしてください。

## 解説板　解説板

本書のコースには有名な観光スポットがふくまれています。このマークがある地点には地形や地質についてのくわしい解説板があります。

# 空から見た道南の地形

空の高いところから地表を見ると、地形が手に取るようにわかります。このページの鳥瞰図*は、渡島半島の東の海上、高度35000mから西の方角を見下ろしたものです。

渡島半島は大きく湾曲して内浦湾をつくり、南部は松前半島と亀田半島に分かれます。函館平野のほかに大きな平野はなく、おもな街は河川の流域や河口に広がる沖積低地*にあります。函館市街は、陸繋島*となった函館山とつながる砂州*の上に広がっています。

渡島半島には新第三紀*の海底に堆積した地層が広く分布します。遊楽部

岳から亀田半島まで連なる山地は、そのころの海底火山の噴出物でできています。松前半島の日本海側のやや険しい山地の地質はとても古く、大陸の縁にできたジュラ紀*の付加体*と考えられています。

遊楽部岳は白亜紀*に貫入してきたマグマ*が冷え固まった花こう閃緑岩*でできている山です。狩場山や横津岳は、新第三紀の地層を土台として、第四紀*に溶岩*を噴出しました。駒ヶ岳には1640年に発生した山体崩壊の跡が見られます。その時に発生した岩屑なだれ*は、南では折戸川をせき止めて大沼・小沼をつくり、東では内浦湾に流れ込んで津波を発生させ、沿岸に甚大な被害を出しています。

寿都から長万部に続く低い土地は、植物分布の重要な境界線でもある黒松内低地帯です。ここには半島を横切る活断層*が通っています。

# 道南の地質と成り立ち

地質の野外観察を行うときに、事前にその地域がどのような地質でできているかを知っておくと理解に役立ちます。地質を地形図に表したのが地質図で、産業技術総合研究所のホームページで全国の範囲が公開されています。次ページの地質図は、道南部分について大まかな時代区分と地質の種類に基づいて簡略化したものです。周辺海域の海底地形もこれに加えました。

道南には北海道でもっとも古い地質が分布しています。松前や江差の周辺、函館の東部などにある灰色の部分で、道南の地質の基盤です。この中からは3〜2億年前の古生代の化石が見つかっています。当時は、北海道南西部は大陸の縁にあり、海洋プレート*が古日本海溝に沈み込んでいました。これらの古い地質は大陸プレートの縁にできた付加体*と考えられています。

赤で示された白亜紀の貫入岩体*は、大陸の縁に沿って活動していた火山のマグマだまり*が冷え固まったあと、隆起*して地表に現れたものです。古第三紀*の地層の分布がわずかしかないのは、そのころ道南は陸化していたからです。

新第三紀の地層は広い範囲に分布しており、道南の大部分はこのころ海域だったことを示します。海底には地層が厚く堆積するとともに、海底火山の活動も活発になり、地層中や海底に大量のマグマが噴出しました。この火山活動は、日本列島が大陸から分離して日本海がつくられるという大きな地殻変動*があった時期と重なります。

第四紀*には、浅い海だったところも隆起し、狩場山、横津岳、函館山などの火山活動が始まって、道南の骨格をつくっていきました。10万年前ごろからは駒ヶ岳に続いて恵山が活動を始め、その活動は現在にいたっています。

海底地形に目を移すと、渡島半島の西側の海底はとても複雑な地形になっていることがわかります。特に渡島半島から南に細くのびる高まりは奥尻海脚といい、それが海上に現れている部分が奥尻島です。奥尻海脚の南は奥尻海嶺に続き、水深約1300mの奥尻海盆の西側を縁取ります。奥尻島の北には水深約3300 mの後志船状海盆があり、その西側にある高まりの南部と奥尻島をふくめた地域は、1993年に発生した北海道南西沖地震*の震源域です。日本海でも大きな地震が発生するので、くわしい海底調査が進められています。

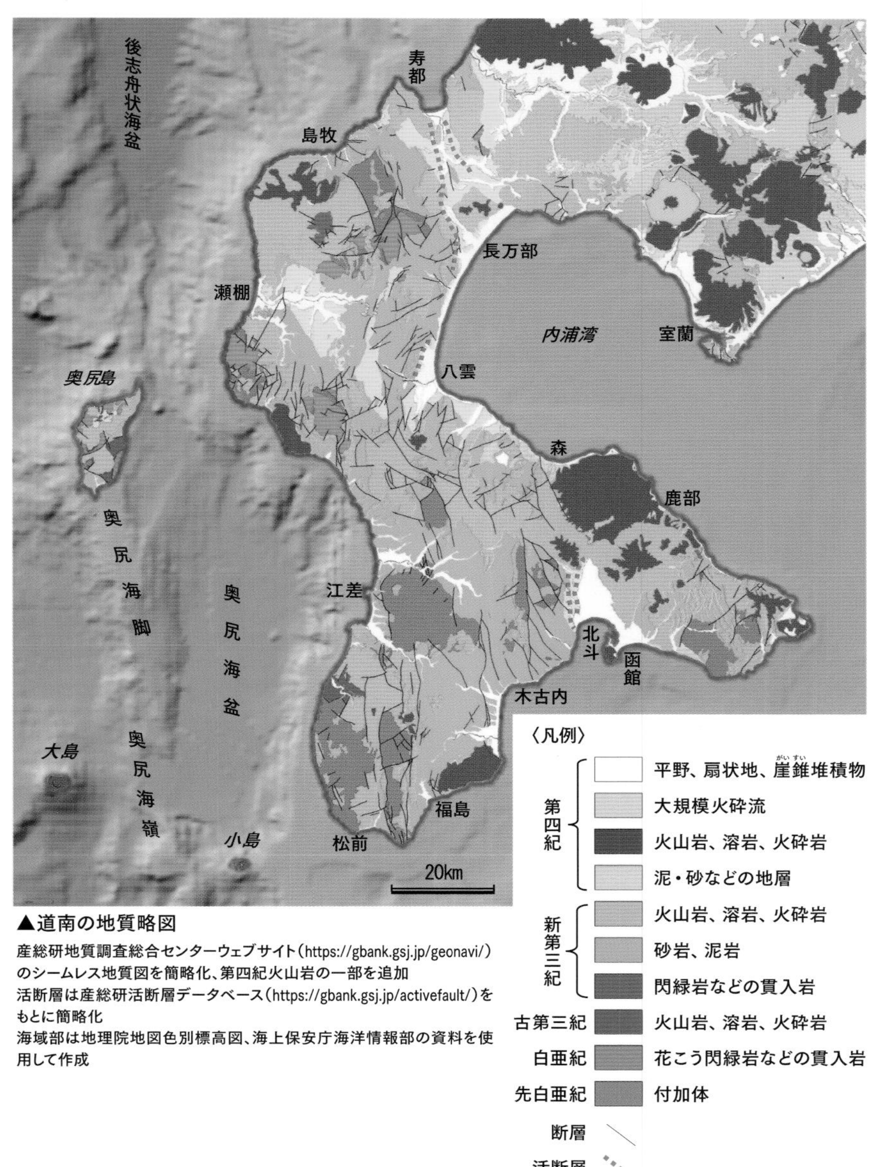


**▲道南の地質略図**

産総研地質調査総合センターウェブサイト（https://gbank.gsj.jp/geonavi/）のシームレス地質図を簡略化、第四紀火山岩の一部を追加
活断層は産総研活断層データベース（https://gbank.gsj.jp/activefault/）をもとに簡略化
海域部は地理院地図色別標高図、海上保安庁海洋情報部の資料を使用して作成

# 出かける前に

## ●持ち物をチェックしましょう

□ハンマー（岩石用が望ましい）
□方位磁針（クリノメーター）
□フィールドノート（メモ帳）
□筆記用具　□軍手　□マジック
□ルーペ　□時計　□雨具・かさ
□ビニール袋、サンプル袋
□弁当、水筒　□新聞紙　□この本
□スマホ、携帯電話　□カメラ
□財布、現金、クレジットカード
□クマよけのホイッスル・鈴
□手ふき、タオル　□新聞紙
□持ち物すべてを入れるリュックサック、調査かばん

### 必要に応じて準備するもの

□地形図　□折尺、巻尺
□双眼鏡　□荷札
□虫除けスプレー
□名刺　□救急医薬品
□運転免許証　□健康保険証
□マイナンバーカード

### 化石採取の道具

□移植ごて
□たがね、マイナスドライバー、くぎ
□バケツ　□小型ブラシ　□ざる

## ●活動しやすい服装を

行き先や目的によって、適切な服装を考えましょう。急な天候や気温の変化にも対応できるように、長袖、ウィンドブレーカーなどもあるとよいでしょう。靴は、はき慣れた運動靴のほかに、長靴、登山靴など、場所によって使い分けましょう。帽子も忘れずに。

登山を行うコースでは、このほかに必要な登山の装備を加えてください。

## ●安全な観察のために

事前に家族や知人に予定を知らせ、なるべく複数で行動しましょう。現地の天気や気象情報は、下記のQRコードをスマホで読み取り、必ず事前に確認しましょう。海岸では波や風のようす、崖からの落石にも注意しましょう。立入禁止の看板や危険性のある場所へ立ち入ってはいけません。道南ではクマよけの鈴などは必携です。また、観察中はハチ、ダニなどの危険動物への注意をはらい、ウルシかぶれへの対応も考えておきましょう。

tenki.jp

https://tenki.jp/forecast/1/

気象庁潮位表

https://www.data.jma.go.jp/gmd/kaiyou/db/tide/suisan/s_hokkaidosw.php

NHK ニュース・防災

https://www3.nhk.or.jp/news/news_bousai_app/index.html

アプリをダウンロードしておくと便利です。

# 第1章

# 函館周辺

函館山
函館市街
函館平野西部
日浦海岸
恵山

# 函館山　陸とつながった火山島

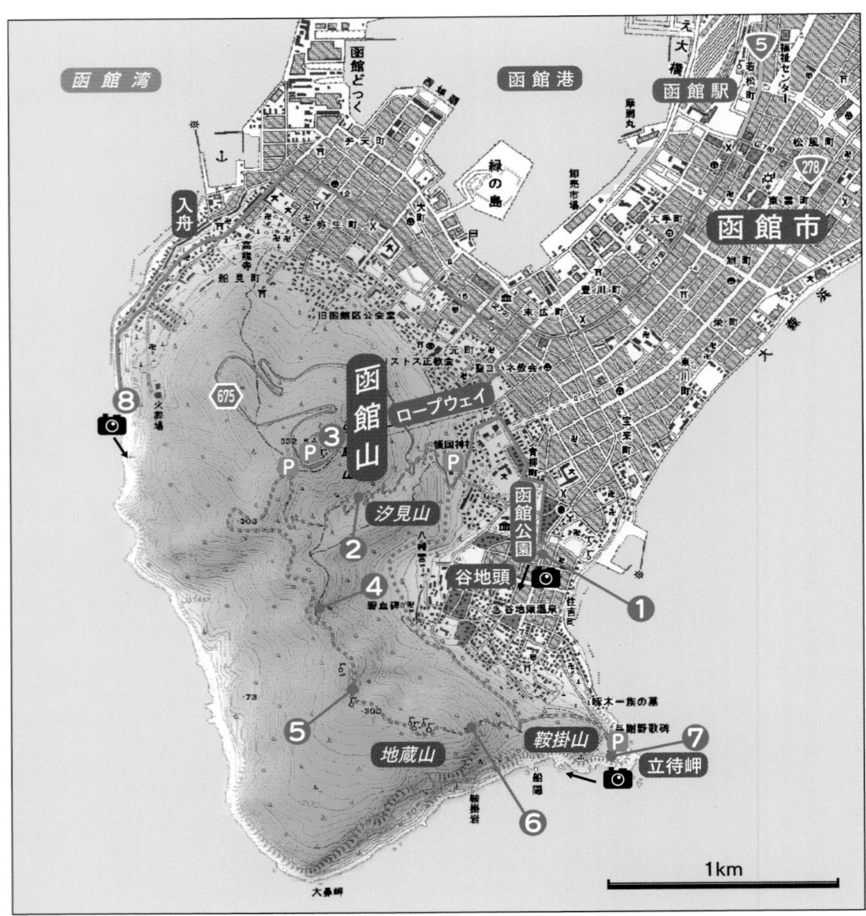


ルート　P 函館公園 → ❶谷地頭 → P 旧登山道入口 ―(18分)→ ❷旧登山道コース3合目 ―(22分)→ P つつじ山駐車場 ―(10分)→ ❸函館山展望台 ―(21分)→ ❹牛の背見晴所の手前 ―(10分)→ ❺千畳敷コース ―(15分)→ ❻七曲りコース ―(40分)→ P ❼立待岬 ―(宮の森コース経由、43分)→ P 旧登山道入口 → ❽入舟町旧海水浴場

車利用のみ: ❶谷地頭 → ❸函館山展望台 → ❼立待岬 → ❽入舟町旧海水浴場

**みどころ** 函館山は「世界三大夜景」にもあげられる有名な観光スポットです。しかし昼間の函館山にも豊かな自然や歴史的遺構を目当てに多くの市民や観光客が訪れています。展望台からは独特の形をした砂州*の上に広がる函館市街と、その周辺の地形を見わたすことができます。地形の観察にとってこれ以上の場所はありません。また、函館山の散策コースには函館山の地質が現れているところがあります。散策路や海岸の切り立った崖に見られる溶岩(ようがん)*から、函館山のでき方を考えていきましょう。

## ❶ 谷地頭(やちがしら)　湿地跡のくぼんだ地形

函館公園の駐車場に車を置いて、電車通りに出てみましょう。ここは電車通りにしてはやや急な坂道になっています。坂の下が谷地頭の停留場で、駐車場からは6m以上低いところにあります。谷地頭の停留場から周囲を見わたすと、停留場は皿状にくぼんだ地形のいちばん底にあることがわかります。

▲くぼんだ地形の底にある谷地頭の停留場

なぜこのような地形になっているのでしょうか。ここは地名が示すとおり、江戸時代まで海に面した湿地でした。そこが埋め立てられて現在のような土地ができたのです。また、函館山の方を見上げると、谷地頭を取り巻くようにすり鉢状の急斜面が広がっています。ボーリング*調査によると、この斜面は地下60～90mまで続いているそうです。このような円形の深いくぼ地は、火山の爆裂火口(ばくれつかこう)の跡と考えられています。谷地頭は爆裂火口が土砂で埋め立てられたところにできた湿地だったのです。

## ❷ 旧登山道コース3合目　函館山の溶岩　解説板

護国神社の前を通り過ぎ、「函館山」の標識のところで左折します。坂を上っていくと右側に駐車場があります。ここに車を置いて旧登山道を登り、函館山の山頂をめざしましょう。駐車場の端にある「函館山散策コース案内図」はとてもていねいにつくられた正確なものです。スマホなどで写真を撮っておくと便利です。

旧登山道コースは、よく整備された登りやすい散策コースです。3合目の手前あたりに柵で囲まれた露頭*があります。解説板には「函館山の溶岩」とあります。この岩石は函館山の山頂部をつくっている安山岩*で、御殿山溶岩とよばれています。

▲旧登山道わきに露出する御殿山溶岩

岩石を近くで見ると、風化*している表面は暗褐色ですが、割れ口の新鮮な部分は淡青灰色をしています。転石*は少ないのですが、手に取ってみると黒色柱状の角閃石*や白色でやや大きな斜長石*の結晶がきれいに光って見えます（☞p.21写真右上）。函館山はこのような安山岩の溶岩でできたいくつかの山からなることが知られており、100万年ほど前は火山島だったと考えられています。

## ❸ 函館山展望台　函館の大パノラマ

旧登山道コースは5合目で千畳敷コースと合流します。右へ進んでつつじ山駐車場に出て、そこから階段を上っていくと展望台です。

展望台からは函館市街が一望できます。夜景でおなじみの中央がくびれた形の平地から奥に見える山のふもとまで、びっしりと市街地が続いています。この細くくびれた平地のでき方を考えてみましょう。

じつは、数千年前までは函館山は陸地から離れた島でした。約6000年前の縄文海進*とよばれるときには、海水面は現在より約3m高く、函館平野の大部分は浅い海で“古函館湾”をつくっていたと考えられています。海進が終わって海が退いていくと、湾は河川が運んだ堆積物で埋められて平野になっていくと同時に、島だった函館山の陸側には砂州がのびて、ついには陸地とつながるようになったのです。このように陸とつながった島を陸繋島*とよび、島と陸をつないでいる砂州はトンボロ*といいます。函館市街の大部分は、このトンボロとそれにつながる海岸平野の上に広がっているのです。約6000年前に函館山のまわりがすべて海だったときのようすを想像してみましょう。

函館平野の奥に見える山々を見ていきましょう。左奥の鋭い山頂をもつ山は駒ヶ岳です。その右のなだらかな山稜は横津岳、トンボロの延長に三つのこぶ

▲函館山展望台からのながめ

のある山頂の山が三森山です。天気がよければ、右奥に恵山も見えます。これらの山々は亀田半島の主稜をなしており、大まかにいえば新第三紀*の隆起*した地層の上に、第四紀*の火山が噴出した溶岩や火砕物*が積み重なってできています。山すそが函館平野と接するところには広く海成段丘*が続いているのですが、上に市街地が広がっているため函館山からはよくわかりません。くわしくはp.22からの「函館市街」コースを参照してください。

展望台から函館山の全体を見ると、函館山にはいくつかのピークがあることがわかります。それぞれに名前がつけられていますが、いずれも函館山をつくる溶岩が浸食されてできたものです。

### ❹ 牛の背見晴所の手前　函館山の土台の地層

つつじ山駐車場までもどり、駐車場奥の千畳敷コースの砂利道を進みます。この道はほぼ平坦で函館山の細い尾根上を通っています。函館市街から見える函館山は臥牛山ともよばれますが、その牛の背中にあたる部分です。

牛の背見晴所でもう一本の細い千畳敷コースと合流します。この道を40mくらい入ると、左側に白っぽい岩石の露頭が現れます。岩石には、縦にいくつもの割れ目が入っています。さらに70mほど進むと暗褐色の溶岩の露頭もあります。これら

▲散策コースわきの変質した溶岩

の岩石は函館山の土台となっている火山噴出物で、風化*や変質が進んでいます。時代のはっきりした地層との関係は不明ですが、中新世*末期（720万～533万年前ころ）の海底火山活動で堆積したものと考えられています。

## ❺ 千畳敷コース　すり鉢状の急斜面

砂利道をさらに進んで千畳敷に向かいます。途中にたいへん見晴らしのよいところがあるので、まわりの地形を観察しましょう。道路の谷側は絶壁で、地蔵山（じぞうやま）と汐見山に囲まれたすり鉢状の急斜面が、下に見える谷地頭の街並みまで続いています。ここは①地点の谷地頭から見上げた函館山の急斜面なのです。

ここからはトンボロの東側の形がよくわかります。湾曲した海岸線には、ここだけ砂浜が残されており大森浜とよばれます。大森浜にある石川啄木の像を見に行く機会があれば、海岸まで下りて砂も調べてみましょう。

▲千畳敷コースから見わたした、すり鉢状の急斜面

## ❻ 七曲りコース　崩れた溶岩の岩塊

千畳敷広場に着くと、平坦な地面が広がっています。この平坦面は千畳敷溶岩とよばれる溶岩流の表面にあたります。散策コースをさらに進んで、溶岩の岩石が見られるところを探しましょう。

地蔵山の電波塔を過ぎると、コースは下りとなり、地蔵山見晴所からは七曲りコースとなります。こ

▲散策コースの千畳敷溶岩の岩塊（スケールは 1m）

のコースは急な斜面上にまわりの石を積み上げてつくられています。ところどころに崩れてきた巨大な岩も見られます。これらの岩塊は地蔵山をつくっている千畳敷溶岩が崩れたものです。岩石を手に取ってみると、桃灰色〜灰色の安山岩で、黒色の角閃石や白色の斜長石の結晶が目立ちます（☞p.21写真左上）。これは②地点で観察した御殿山溶岩とよく似ており、両者は同時期に噴出した溶岩が少し離れて分布しているだけなのかもしれません。

## ⑦ 立待岬（たちまちみさき）　函館山の古い溶岩

**立待岬の海岸は、落石の危険があるため通行禁止です。**

七曲りコースを抜けて道路を下り、立待岬の下側の駐車場の南端から海岸を見ましょう。

海岸の荒々しい岩礁は立待岬溶岩とよばれる安山岩でできています。「立待岬」碑のあたりから西の海岸を見ると、溶岩の表面に左下がりの筋模様がついているのがわかります。これは溶岩が流れたときにできたもので流理構造（りゅうりこうぞう）*といいます。双眼鏡で見ると、流理構造の一部ははげしくうねっています。立待岬溶岩は芝生の中に出ている岩塊でも観察できます。

駐車場の後ろに見える山は鞍掛山（くらかけやま）で、海岸と同じ立待岬溶岩でできています。鞍掛山の左に見えるのは七曲りコースのある地蔵山です。地蔵山をつくる千畳敷溶岩は、山の南側で柱状節理（ちゅうじょうせつり）*が発達した垂直な崖になっています。二つの山をつくる溶岩の関係は、千畳敷溶岩が火砕物をはさんで立待岬溶岩をおおっており、鞍掛山の方が噴出した時期が少し古いことを示しています。

少し遠くなりましたが、旧登山道の駐車場まで歩いてもどりましょう。

▲鞍掛山と地蔵山をつくる溶岩

▲立待岬溶岩の流理構造（左の白枠部分）

▲高竜寺山溶岩の切り立った崖

## ⑧ 入舟町旧海水浴場　捕獲岩*をふくむ溶岩

函館山の北側を回って、西海岸沿いの砂利道を突き当たりまで行きます。柵から先は落石が多く立入禁止になっています。柵の奥に見える高さ120mもの切り立った崖は、高竜寺山溶岩とよばれる函館山をつくっている溶岩のひとつです。くわしい調査によれば、この溶岩は御殿山溶岩におおわれているので、御殿山溶岩よりも先に噴出した溶岩といえます。

崖から崩れ落ちたと思われる巨岩(きょがん)が海岸をしき詰めているので、じっくりと溶岩を観察しましょう。溶岩は、1cmほどもある白い斜長石の結晶をたくさんふくんでいる安山岩です。岩石表面の浸食が進んで斜長石の結晶が浮き出ています。黒い柱状の結晶は大部分が輝石(きせき)*で、角閃石もふくまれています。安山岩の中には、握りこぶしくらいの黒っぽいれきのようなものがたくさん見つかります。れきのようなものは安山岩とは違う種類の岩石です。これらの岩石は捕獲岩といわれるもので、地下深くにあった岩石が、マグマ*の中に取り込まれて、溶岩といっしょに地表に出てきたものです。高竜寺山溶岩には特徴的にたくさんの捕獲岩がふくまれています。捕獲岩をくわしく調べると、マグマの通り道の地下深くの

▲高竜寺山溶岩と溶岩に取り込まれた捕獲岩

地質のようすを調べることができます。

これまで4か所で函館山の溶岩を観察してきました。こうして地質を見ていくと、函館山は火山が噴火して溶岩が流れてできた火山島だったことがわかります。それぞれの溶岩を比べてみると、同じ安山岩でも、下の写真のように岩石のつくりにはそれぞれ特徴があります。

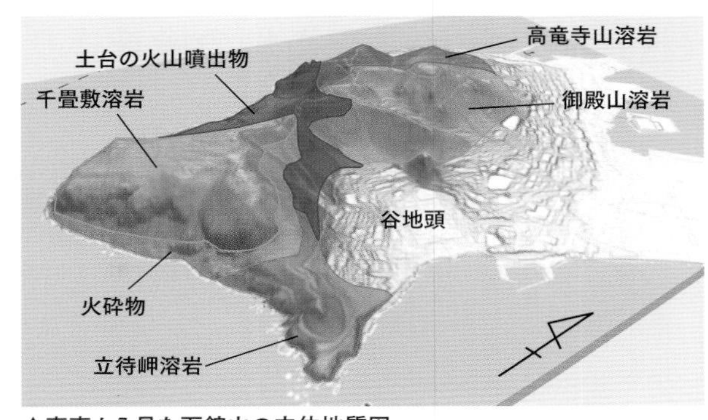


▲南東から見た函館山の立体地質図
地理院タイル傾斜量図を 3D 表示したものに加筆

くわしい研究によると、これらの溶岩が噴出した年代は約100万年前とされています。谷地頭の爆裂火口跡とされている地形も火山島の名残なのでしょう。函館山が陸とつながるようになった5000年ほど前は、函館山の長い歴史から見るとつい最近のできごとなのです。立体地質図を見ながら、函館山のでき方をもう一度たどってみてください。

## 函館山をつくる溶岩

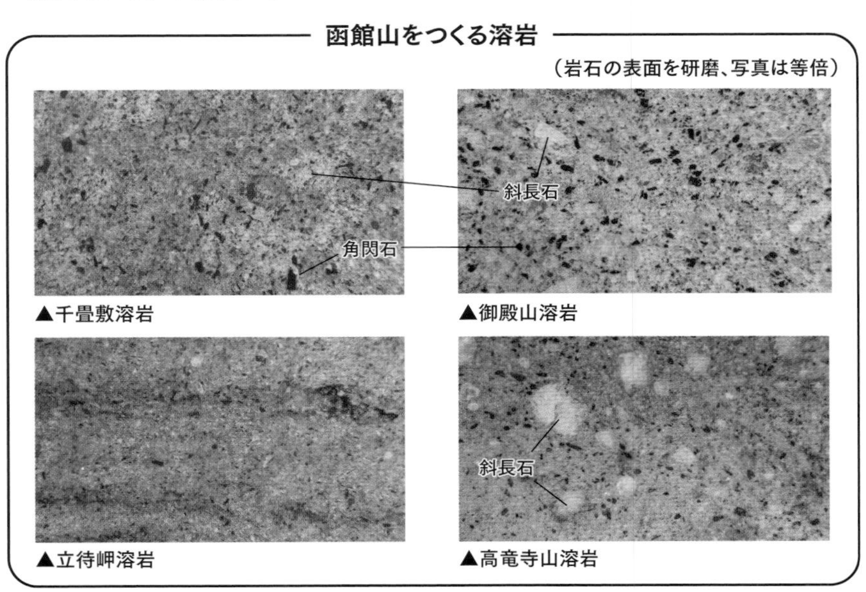

# 函館市街　市街地の段丘巡り

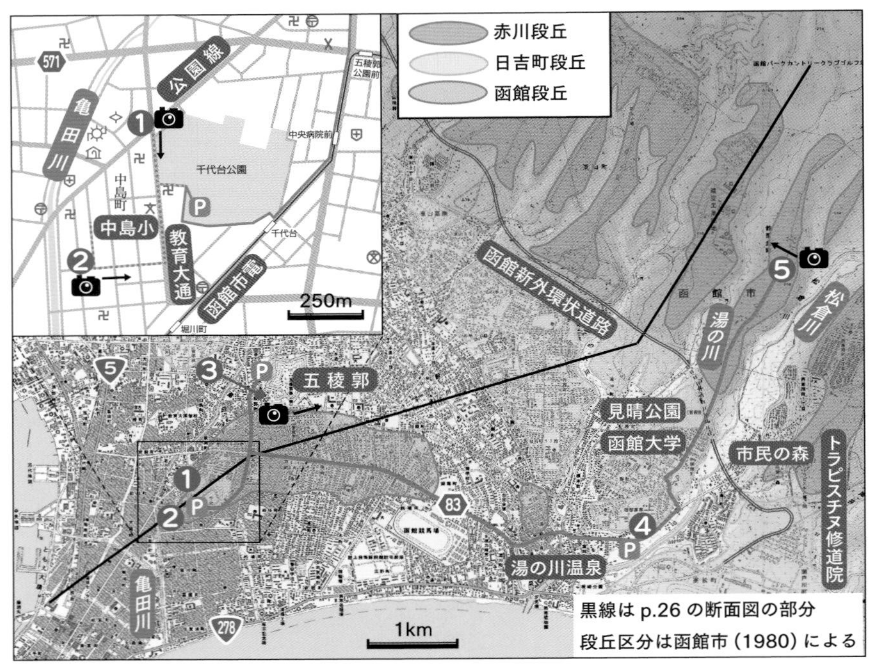


**ルート**　P 千代台公園－(5分)→ ❶梁川町1交差点－(10分)→ ❷中島町
└→ P 五稜郭観光駐車場－(4分)→ ❸五稜郭タワー
└→ ❹戸倉町 → ❺見晴町

**みどころ** 函館市街は平坦な平野に広がっているイメージがありますが、実際に市街地を車で走ってみると、坂道が多いことに気がつきます。これは市街地に海成段丘*が広く分布しているためで、段丘面*を上ったり下りたりするところが坂道になっているのです。函館には大きく広がる段丘が3段あることが知られており、山側にある上位の面から、赤川段丘、日吉町(ひよしちょう)段丘、函館段丘とよばれています。日吉町段丘と函館段丘はほとんど住宅地になっていますが、地面の高さの変化や川沿いに見られる段丘崖(だんきゅうがい)*を追っていくと、段丘の広がりがわかります。これらの段丘から函館市街の土地のでき方を考えていきましょう。

## ❶ 梁川町1交差点　函館段丘に続く坂道

千代台公園の駐車場（有料）に車を入れて、公園の西側を南北に通る教育大通まで出ます。北に向かって歩いていくと、ゆるやかな下り坂になっていることに気がつきます。公園線と交わる梁川町1の交差点で来た道を振り返ってみると、陸上競技場のある千代台と教育大通の間にある約2.5mの段差が道路の奥に向かってしだいに小さくなり、坂になっていることがはっきりわかります。

▲坂になっている教育大通

千代台公園のある土地はまわりよりも少し高い平坦面になっており、函館段丘とよばれています。千代台公園はこの段丘の西端にあり、段丘はここから約2.5kmも東へ続きます。函館市電の停留所の「千代台」から「深堀町」を過ぎたあたりまでが段丘の範囲ですが、市街地の中の大きな道路では高低差にあまり気づかないかもしれません。

## ❷ 中島町　住宅地の中の段丘崖

教育大通をもどってさらに南へ進みます。中島小学校のグラウンドの端から約80mのところで交差点を右に曲がり、さらに220mくらい歩きましょう。ちょうどそこは少し急な坂道になっており、歩いてきた面から坂の下までの比高は約4mあります。北に向かってのびる住宅地の中の道路を歩きながら、坂のあった右側を見ていくと、住宅の間に段差が続いていることがわかります。この段差は函館段丘の段丘崖だったところで、①地点で見た千代台公園の段差に続いています。このように地面の高低差や段丘崖を横切る道路の坂道を手がかりにしていくと、住宅地の中でも段丘の存在や広がりを確かめることができるのです。

▲函館段丘の段丘崖を横切る道路

▲五稜郭タワー展望2階からの北東方向のながめ

## ❸ 五稜郭タワー　市街地を取り巻く段丘

五稜郭観光駐車場（有料）に車を入れて、五稜郭タワーへ行ってみましょう。

五稜郭タワー（有料）は函館観光の定番の観光スポットですが、この展望台からは五稜郭ばかりでなく、函館山まで続くトンボロ*（☞p.16）上の市街地や北東～東に広がる海成段丘地形を観察することができます。

北東の方角をながめると、市街地の縁に沿って函館新外環状道路が通っているのがわかります。この道路がほぼ赤川段丘と日吉町段丘の境目です。赤川段丘は、山裾が一段高くなっているところです。日吉町段丘は全面が市街地になっているので、ここから見ても段丘の南西側の縁はわかりません。上の写真には、おおよその段丘の広がりを示してあります。

## ❹ 戸倉町　日吉町段丘の段丘崖

▲道道と並行して続く日吉町段丘の段丘崖

五稜郭から湯の川方面へ向かい、戸倉町の道道83号沿いにある大型商業施設の駐車場あたりから北の方をながめてみましょう。すると建物の後ろに比高約20mもの崖が道道に沿って続いていることがわかります。崖の上は函館工業高等専門学校や函館大学がある平坦な土地で、台地状の地形になっています。この台地は日吉町段丘とよばれており、函館市街の北東部に広く連続しています（☞p.22地形図）。日吉町段丘は段丘を横切る河川によって浸食され、そこに段丘崖を形成しています。この地点から見える崖が段丘崖で、道道83号の南側を流れる松倉川が浸食してつくったものです。

段丘崖をよく見ると、ところどころコンクリートが吹きつけられており、崖が崩れやすいことがわかります。函館市の防災ハザードマップを見ると、この段丘崖は土砂災害の危険箇所に指定されており、崖の縁やすぐ下の家屋などは日常的に崖のようすに注意をはらう必要があります。

函館市防災ハザードマップWeb版

https://www.hazardmap.city.hakodate.hokkaido.jp

（函館以外にいるときは、スマホの設定の「位置情報」をOFFにしてください）

### ⑤ 見晴町　赤川段丘の段丘面

道道83号をさらに進み、左にコンビニエンスストアがあるT字交差点で左折します。道はゆるくカーブしながら日吉町段丘の段丘崖を上るかなり急な坂道になっています。上の平坦面に出たところに戸倉中学校があります。

中学校を過ぎた交差点で右折します。道は日吉町段丘の段丘面上を通っており、この段丘がかなり広いことを実感できます。交差点から約650mで見晴公園へ向かう交差点がありますが、そのまま少しせまくなった道を直進してください。ゴルフ場の東端を通っている道はまた上り坂になっているので、日吉町段丘はこのあたりまでです。じつは、函館新外環状道路のトンネルがこの下を通っており、ゴルフ場の西を流れる湯の川に面した段丘崖を出た後は、外環状道路は日吉町段丘の北側の縁を通るように造られています。

▲谷をはさんで林の向こう側にも広がる赤川段丘

さて、ゴルフ場と野球場を過ぎて見晴らしのよい農地になったところで、まわりの景色を見わたしてみましょう。このあたりは北北東から南南西に細長くのびたとてもゆるやかな斜面で、赤川段丘の段丘面にあたります。西の方を見ると、湯の川がつくる谷をはさんで、その向こうにも赤川段丘が続いていることがわかります。p.22の地形図で段丘の広がりを確かめましょう。

これまで観察した三つの段丘はいずれも海成段丘であることが知られています。ここで海成段丘のでき方をまとめておきましょう。

海成段丘の段丘面は、もとは海岸に続く浅い海底だったところです。市街地の中なので段丘をおおう段丘堆積物*が見られる露頭*はありませんが、くわしい調査によると、数メートルの厚さで海底に堆積したれき層や砂層、段丘が陸化してからできたローム*層や泥炭*層などが段丘面にのっているそうです。段丘面に必ず段丘堆積物があるわけではありませんが、これらの地層は段丘のでき方を考える手がかりになります。

海底でできた段丘がなぜ標高の高いところにあるのかというと、長い年月の間に大地がそれだけ隆起*したからにほかなりません。それに加えて地球規模の気候変動によって海水準*も上下に変動し、海水準が停滞していた時期に段丘が形成されたのです。段丘が形成された年代がはっきりしている例は多くはありませんが、日吉町段丘は約13万〜12万年前の最終間氷期*に形成されたと考えられています。この時期にできた海成段丘は道南の各地で見られます。標高の高い赤川段丘はこれより古く数十万年前に、いちばん低い函館段丘からは縄文時代早期の土器が見つかっているので、更新世*末（1万2000年前ころ）には段丘は陸化していたのでしょう。市街地にもどるときは、下の地形断面図を見ながら、段丘のどのあたりを走っているのか確かめていきましょう。

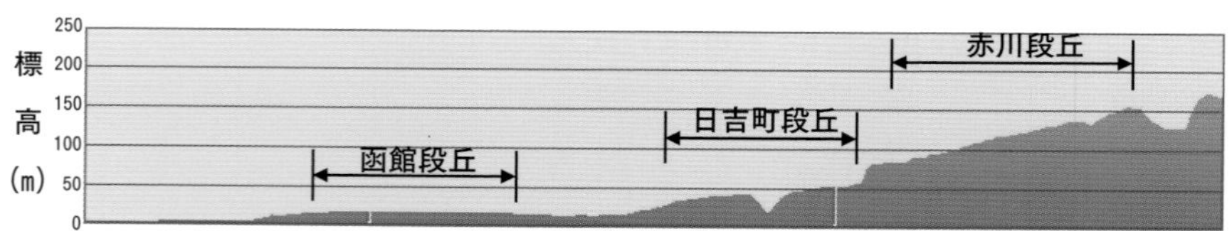


▲函館の段丘を通る地形断面図（断面の位置はp.22の黒線）

**豆知識**

### ●半球面レンズ状節理　これも自然の造形

トラピスチヌ修道院の西にある函館市市民の森で、めずらしい節理*のある石材が使われています。「水のある森」の東屋や水飲み場の敷石に、皿を並べたような割れ方をした安山岩*が使われているのです。この石材は七飯町鳴川で採石されている「七飯石」です。

皿状にくぼんだ節理の中には、たいてい斜長石*の大きな結晶があり、ここを起点として節理が広がっているように見えます。岩体*が冷え固まったあと、たまっていたひずみが解放されるときにできた節理と考えられています。

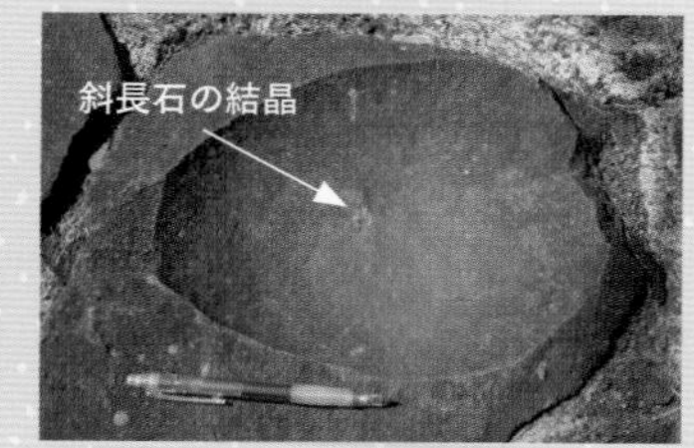


▲敷石に見られる半球面レンズ状節理

# 函館平野西部 活断層と平野の微地形

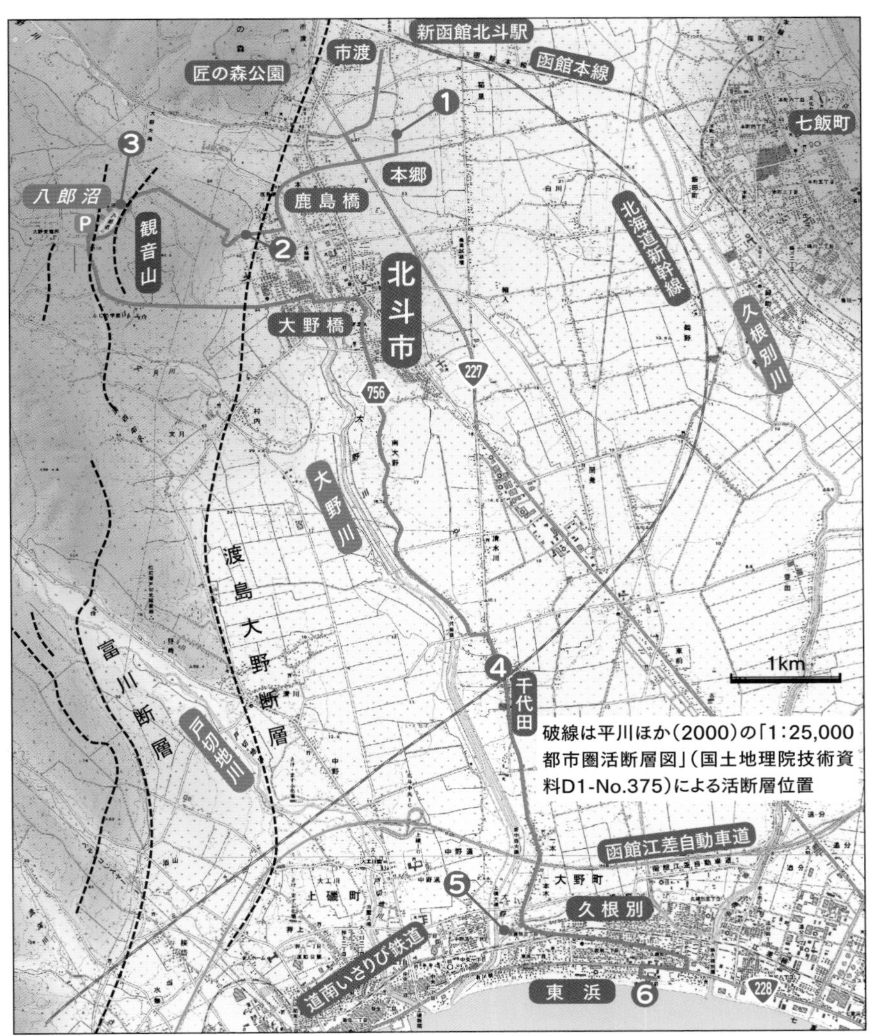


ルート JR新函館北斗駅 → ❶市渡 → ❷大野農業高等学校の北 →
Ⓟ八郎沼公園 ー(5分)→ ❸八郎沼
└→ ❹千代田 → ❺旧久根別川 → ❻東浜

**みどころ** 函館平野は、約6000年前の縄文海進*の最盛期には“古函館湾”ともよばれる浅い内湾になっていたところです。縄文海進が終わると、海が退きながら河川の堆積物などで湾が埋め立てられて平野ができていきました。現在の函館平野は一面に水田や畑が広がっていますが、その中で河川がつくった微地形が地表の高さの違いや土地利用の違いに表れていることを見ることができます。また、平野の西側には活断層(かつだんそう)*があることが知られており、活断層の運動で地表面が変形していることを確かめられます。

## ❶ 市渡(いちのわたり)　大野川の扇状地(せんじょうち)*

JR新函館北斗駅前の道を南に進み、国道227号との交差点で左折します。300mほど進んでまた左折すると、ほぼ東西にのびる直線道路になります。車から降りて道路の東西をながめてみましょう。すると道は東に向かってゆるやかな下りになっていることに気づきます。もう少し進んで左折して畑の中の道に入ると、畑に1mくらいの段差もできています。このあたりの市渡地区やすぐ南の本郷地区には、西が高く、東に向かって低くなるゆるやかな斜面が広がっているのです。斜面の勾配は1000分の7〜8(1000m進んで7〜8mの標高差がある)でかなりゆるやかです。じつは、この斜面は大野川がつくった扇状地で、北斗市匠の森公園の南を扇頂(せんちょう)として半径3kmほどの扇形に広がっています。大野川は、山地から函館平野に出るところで土砂を堆積させて扇状地をつくったのです。

▲大野川扇状地の畑に見られる段差

## ❷ 大野農業高等学校の北　活断層でせり上がった地表

①地点の直線道路を西へ進み、大きく左へ曲がって鹿島橋を渡り400m進んだところで右折します。道路はまっすぐに山に向かってのびています。道路が上り坂になる手前で車を止めて、まわりの景色を見ましょう。函館平野の西端は南北に連なる山の斜面で区切られています。この地点は平野と山の斜面の境目にあたります。ここから急に山の斜面になるのはなぜでしょうか。じつは、この付近に

▲渡島大野断層の活動でできた断層崖（断層より奥の急斜面が断層崖）

は渡島大野断層とよばれる、南北にのびる活断層があり、断層*の西側が隆起*する運動をしているために、断層を境にして急な斜面ができたのです。活断層が動いて隆起が積み重なっていくと、平らだったところも比高が数十メートルにもなる崖となります。このようにしてできた急斜面を断層崖（だんそうがい）*といいます。道路の南側は大野農業高等学校の広い敷地ですが、敷地の西側には活断層の盛り上がりでできた断層崖が続いています。

函館平野の西縁にはほかにも数本の活断層があり、渡島大野断層をふくめて函館平野西縁断層帯と名づけられています。くわしい調査によると、この断層帯はおもに西側が隆起する逆断層*からなり、1万3000〜1万7000年の間隔で活動したと考えられています。活断層が動いて地震が発生すると、函館平野全体が震度6〜7の強震になると推定されています。

## ❸ 八郎沼　活断層にはさまれた沼

西に向かってさらに進むと、道路は大きく右にカーブしながら活断層の断層崖を上ります。「八郎沼公園入口」の標識のところで左の道に入り、道なりに進むと八郎沼公園の駐車場です。沼岸に沿う遊歩道を通って沼の北東端まで行きましょう。

▲八郎沼の東側に続く断層崖

八郎沼の両岸は小高い山になっています。沼の端には堰があるので、谷を流れる沢をせき止めて沼がつくられていることがわかります。堰の下流はやや深い谷になっており、沼の南東側は急な斜面が続きます。じつはこの斜面は活断層の断層崖で、八郎沼の東側がずり上がって沼に沿う崖ができているのです。八郎沼の西にももう1本の活断層があり、八郎沼

▲八郎沼と観音山を通る模式断面図（八郎沼をはさむ活断層は、渡島大野断層に付随する断層）

は2本の活断層にはさまれた複雑な地形の中にあります。

北海道にある代表的な活断層は、地殻（ちかく）*が東西方向に圧縮される力によってできていると考えられています。函館平野西縁断層帯もそのひとつなのです。

## ❹ 千代田　大野川の自然堤防*

八郎沼から観音山の南をまわって大野橋を渡り、右折して道道756号を進みましょう。この道は畑や水田の中をゆるく左右に曲がりながら函館湾岸の久根別（くねべつ）まで続いています。集落も道路沿いに細長く散らばっています。特に北海道新幹線の通る千代田のあたりは、細長い集落を東や西に外れると、すぐに水田になることがわかります。

集落がこのような並びになっているのは理由があります。じつは道路が通っているところは大野川の自然堤防の上で、まわりの水田よりも少しだけ土地が高くなっているのです。自然堤防は、川が洪水で氾濫したときに川岸に土砂が堆積してできた微地形です。砂質で水はけがよいので水田には向きませんが、水がつきにくいぶん、道路や宅地、畑などに利用されるのです。集落が細長く散らばっているのも、自然堤防の分布に沿っているからなのです。

函館平野に散らばる集落のようすは、まわりの山地にあるいくつかの展望台から見ることができるので、ぜひ訪れてみましょう（☞p.52 ここもおすすめ！「きじひき高原パノラマ展望台」）。

## ❺ 旧久根別川　切り替えられた流路

久根別川の流域は、洪水が発生したときには水深3m以下の浸水域となる低地帯です。過去にもたびたび水害が発生しており、久根別川の水をいかに早く排水するかが課題でした。どのように水害対策がとられたのでしょうか。

道道756号をさらに進むと、函館江差自動車道を過ぎたところで左へカーブし

▲旧久根別川と排水樋門（樋門の向こう側が大野川）

▲久根別川の昔の流路（大正4年の地形図に加筆）
「今昔マップ on the web」より

旧久根別川を渡ります。橋の手前の空き地に車を置き、橋を渡って堤防沿いに西へ少し歩きましょう。この川はもともと久根別川の本流で、この先で大野川に合流していました。現在は合流点に排水樋門（ひもん）があり、洪水のときは旧久根別川に水が入り込まないように水門が閉じられるようになっています。

現在の久根別川は大野川の約2km東を函館湾に向かってまっすぐ南へ流れていますが、これは1950～1954(昭和25～29)年にかけて河道の切り替えを行ったためで、それ以前の流路はまったく違います。昔の地形図を見ると、久根別川は海岸より1kmほど手前で西に向きを変え、そのまま大野川に合流しています（右上図）。急に流れの向きを変えているのは、海岸に沿って連続する砂丘を避けているためだと考えられます。このような流路では、洪水が発生すると砂丘より内陸部の排水が進まず、浸水域が広がってしまいます。河道の切り替えはこれを解消するために行われ、現在も河川改修工事が進められています。

## ❻ 東浜　わずかに残った砂丘

古い地形図を見ると、海岸と平行に3列の砂丘列がのびています。しかし農地造成や市街地の急速な拡大などにより、砂丘はどんどん消失していきました。砂丘の痕跡がないか探してみましょう。

▲東浜にわずかに残っている砂丘

国道228号に出て、久根別小学校の敷地の西端を左折して海岸に向かいます。海岸に沿って50mほど行くと、右側に草でおおわれた砂丘があります。高さは2.5mで70mほど続いています。まわりを見ても砂丘はなく、かろうじてここだけ残っているのです。

## ここもおすすめ!

### 茂辺地川　迫力の全面露頭

**場所** 北斗市湯ノ沢、茂辺地川上流

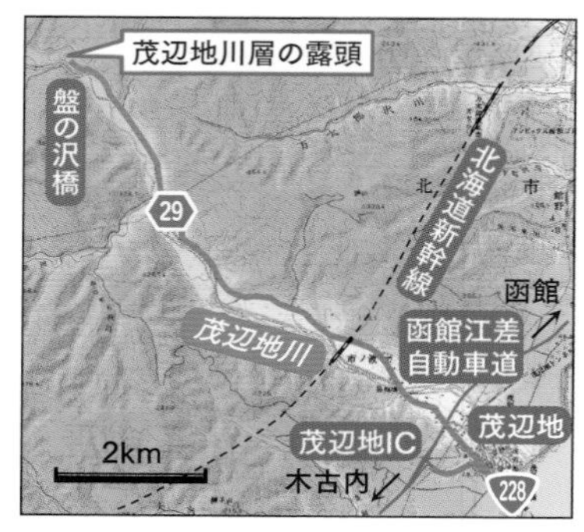


函館江差自動車道の北斗茂辺地(もへじ)ICから道道29号に出て、約8km北西へ進みます。茂辺地川にかかる盤の沢橋の手前で右の砂利道を350m入ると駐車スペースがあります。

すぐそばを流れる茂辺地川の川岸へ行くと、幅40〜50mの河床全面に地層が現れています。このように広く地層の観察に適した場所は道南では少ないので貴重です。この地層は茂辺地川層とよばれており、大部分が灰色の細粒の砂岩*です。地層を横に追っていくと、下流に向かってゆるく傾斜していることがわかります。上流の両岸には高さ数メートルの壁が続いています。これは川のはげしい浸食により、地層が削られて函状の地形になったものです。

茂辺地川は水量が多く、流れも速いため、川の中に入ると危険です。

水流で洗われた砂岩層の表面を注意して見てください。直径3〜5mmほどの白い管の断面のようなものが見つかります。これはマキヤマ*と名づけられた化石で、管状をした海綿(かいめん)類の一種と考えられています。

くわしい研究では、茂辺地川層は鮮新世*の約450万〜350万年前ころに堆積した地層で、道南に広く分布する黒松内層に対比されています。

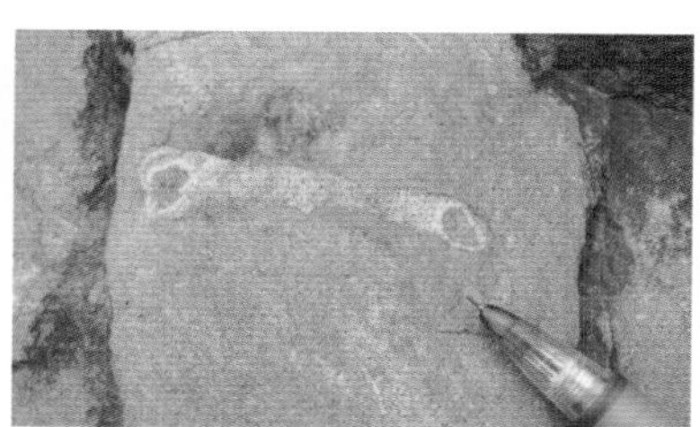

▲砂岩層中の管状のマキヤマの化石

◀函状に浸食されている茂辺地川層

1億5000万年前　1億年前　2000万年前　1000万年前　現在

先白亜紀 | 白亜紀 | 新第三紀 | 第四紀

# 日浦海岸　海底火山がつくった絶景

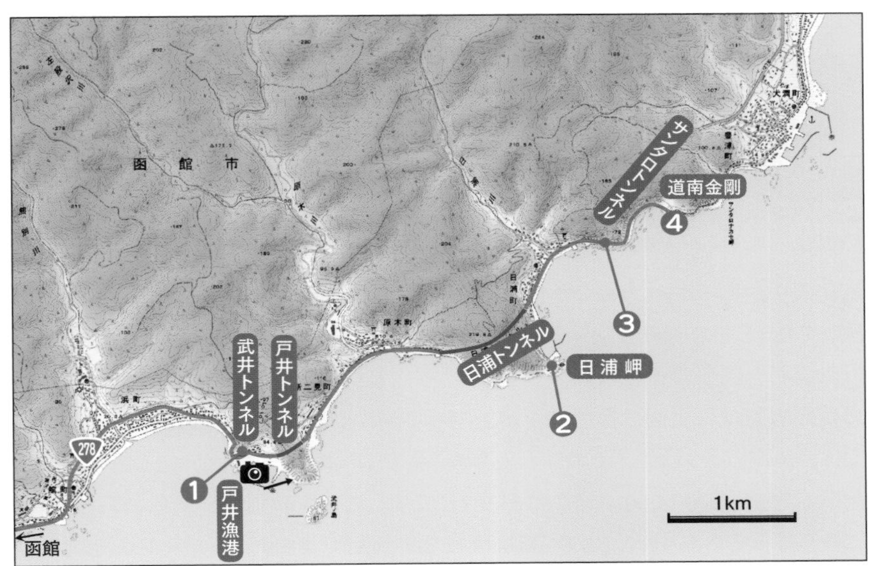


**ルート** 国道278号→❶戸井漁港→❷日浦岬→❸日浦洞門→❹道南金剛

**みどころ** 亀田半島の津軽海峡に面する日浦海岸は、いくつもの岬が海に突き出て切り立った崖となっています。崖に掘られた旧道のせまいトンネルを通ると、この地域が交通の難所だったことがわかります。

このコースで見られる崖は、いずれも新第三紀*中新世*の中期～後期（1600万～533万年前）にかけて、海底に噴出した溶岩*や火砕岩*などの地層やそれらに貫入した岩脈*でできています。当時は海底火山の活動が活発な時期で、地層や岩石の多くはマグマ*の熱水*などの影響で緑灰色に変質しているのが特徴です。また、大きな岩体*が冷え固まるときにできた見事な柱状節理*や、めずらしいガラス質のきれいな溶岩*を観察することができます。

## ❶ 戸井漁港　流紋岩*の岩体と真珠岩*の溶岩

国道278号を東に進み、戸井漁港の手前で武井トンネル入口の右側にある旧

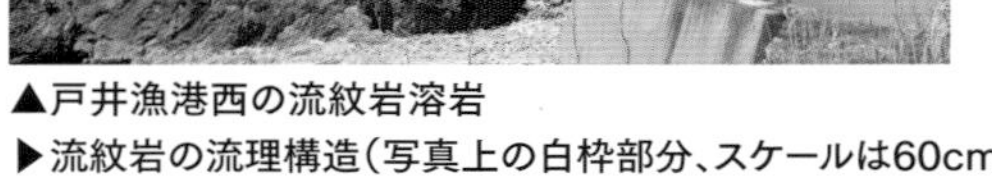

▲戸井漁港西の流紋岩溶岩
▶流紋岩の流理構造（写真上の白枠部分、スケールは60cm）

道に入ります。崖をくりぬいたトンネルを抜けると漁港なので、車を置ける場所を探してください。最初にトンネルのあった崖を観察しましょう。海岸に下りると間近に岩石を観察できます。

崖の岩石は、表面は褐色ですが、割ってみると明るい灰色をしています。透明なガラス粒のように見えるのは石英*の結晶です。ほかに黒く点々としているのは角閃石*や黒雲母*、白い結晶は斜長石*です。これらの鉱物が灰色の石基*の中に散らばっているので、この岩石は流紋岩と判断できます。トンネルは流紋岩の溶岩でできた小さな岬をくりぬいて造られているのです。

流紋岩はケイ酸（ガラスの成分、$SiO_2$）が多い粘り気の強いマグマが冷えてできる岩石です。固まる前にマグマがうねうねと動いていたようすが複雑な筋模様となって現れています。これを流理構造*といいます。この筋模様は、流紋岩の名前の由来にもなっています。

トンネルから60mほど漁港の方へもどると、道路の左側にも露頭*があります。この露頭も流紋岩の岩体の続きなのですが、岩石のようすはかなり違っています。露頭の右側や上部には、きれいに丸い形をした溶岩が見えるのです。丸い溶岩の大きさは直径数十cmから1mほどで、マグマが水中に噴出したときにできる枕状溶岩*に似ていますが、表面はタマネギの皮のようにはがれる同心状の割れ目が発達しています（☞p.35写真中央）。溶岩の内部は数cmの大きさのたくさんの黒色ガラスの丸みをおびたかたまりやその破片でできています。これらは急冷縁*のうすい殻に包まれています。このような特徴的な割れ目をもつガラス質の流紋岩は、特に真珠岩とよばれます。

露頭の左側は灰色の粗粒（そりゅう）な火山灰*の中に真珠岩や流紋岩のれきが散らばるハイアロクラスタイト*に移り変わっています。ハイアロクラスタイトは、水中に噴出したマグマが急冷されて火山灰とれきの破片が入り交じってできた堆積物です。ここのれきはやや丸みをおびているのが特徴で、一つ一つが急冷縁のうすい殻に包まれています。

▲流紋岩の溶岩とハイアロクラスタイトの露頭

枕状溶岩は、玄武岩（げんぶがん）*や安山岩*質のマグマが冷えて内部に放射状節理（ほうしゃじょうせつり）*が発達するのが一般的です。この露頭のように粘り気の強い流紋岩質のマグマで枕状溶岩に似た形になる例はたいへんめずらしいといえます。たいていこのようなマグマは急冷されると粉々の破片になってしまうからです。

▲真珠岩でできている丸い形の溶岩

この露頭の観察で考えられることは、地層中に貫入した流紋岩質のマグマが、海底近くでは丸い形の溶岩をつくり、さらに溶岩の破片が散らばるハイアロクラスタイトを海底に堆積させたということです。この地点全体としては、流理構造が見られる岩体の内部から海底に噴出した部分までの産状の変化が観察できるのです。

後ろを振り返ると、戸井漁港の向こうにとても大きな岩山が見えます。ここからでも岩山全体に柱状節理が発達していることがわかります。これは流紋岩と同時期に貫入したとても大きな安山岩の岩体です。この後の観察地点で、この岩体の産状をくわしく見ていきましょう。

▲戸井漁港東の安山岩の岩体

▲日浦岬の安山岩の岩体に発達する柱状節理

## ❷日浦岬　圧倒される柱状節理

落石の危険があるので崖に近寄ってはいけません。

国道をさらに東に進み、日浦トンネルを出たらすぐに右折して漁港のいちばん奥まで行きます。右に見える旧道の両側の切り割りを観察しましょう。

東側は高さ35mもの柱状節理の絶壁になっています。これほど見事な柱状節理を間近に見られる場所はあまりありません。足もとの転石*を割ってみると、とても硬く、安山岩のようですが全体が緑灰色に変質しています。割れ口を見ると、有色鉱物(ゆうしょくこうぶつ)*のほとんどは緑色をしています。これは有色鉱物が緑泥石(りょくでいせき)*という変質鉱物に替わったためで、白い斜長石も変質しています。ほかには石英の結晶が少し入っています。このように岩石が変質しているのは、岩体が地層に貫入した後に、マグマの熱や熱水などの影響を受けたためと考えられます。

柱状節理が少し傾いているため、西側の切り割りでは柱状節理の断面を観察することができます。1本の柱の太さは最大65cmほどで、いびつな四角～六角形の断面が多く見られます。

## ❸日浦洞門　緑色凝灰岩(ぎょうかいがん)*の地層

サンタロトンネルの右の旧道に入り、ゲートの右手前のスペースに車を置きます。旧道には1929(昭和4)年に開通した素掘りのトンネルが続き、日浦洞門とよばれる観光スポットになっています。

▶七つの素掘りトンネルが続く日浦洞門

トンネルが掘られている崖の地層は海岸まで続いています。波が静かな干潮のときは海側についている階段を下りて海岸で地層を観察しましょう。

階段の横には緑灰色の露頭があります。近づいて見ると、きらきら光る石英の破片や軽石(かるいし)*・岩片(がんぺん)*などのあらい粒子が堆積してできた凝灰岩です。全体が変質して緑灰色になっているので緑色凝灰岩（グリーン・タフ）ともよばれます。日浦洞門の区間には、緑色凝灰岩の上に重なる火砕物*や泥岩*の地層が順に見られます。しかし崖が崩れやすく金網がかけられているので十分な観察はできません。②地点で観察した安山岩の大きな岩体は、海底に堆積していたこれらの地層中に貫入したと考えられます。

この道路は、路線バスが通る現役の道道です。幅は一車線分しかないので、通行には十分注意してください。歩くとかえって危険です。

▲日浦洞門の崖をつくる緑色凝灰岩の地層

ところで、なぜ日浦洞門には短いトンネルがいくつも造られているのでしょうか。これには浸食が進む海岸の地形と崖をつくる地質が関係しています。凝灰岩などの地層でできている崖は比較的軟らかく、波による浸食が進むと、くしの歯状にいくつもの小さな岬が連続する地形をつくります。その海岸沿いに道路を通すには、岬をくりぬいてトンネルを造るしかないのです。しかも崩れやすい地質なので爆薬などは使わず手掘りで行ったのでしょう。この細い道路を開通させるための先人たちの苦労が思い起こされます。しかし安全な通行を確保していくには、日常的に崖の状態を点検し、補強対策を進めることが必要です。

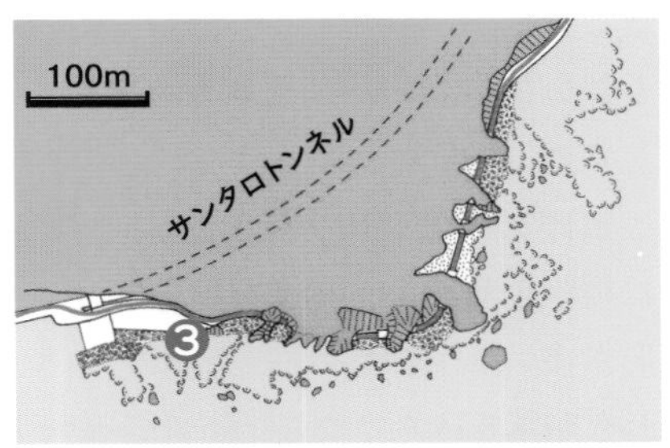


▲日浦洞門付近の海岸地形（数字は観察地点の位置）

## ④ 道南金剛(こんごう)　圧倒的スケールの柱状節理

日浦洞門を過ぎると、遠くにとても大きな崖が見えてきます。②地点の岩体の続きで崖全体に垂直な柱状節理が発達しており、道南金剛とよばれる観光ス

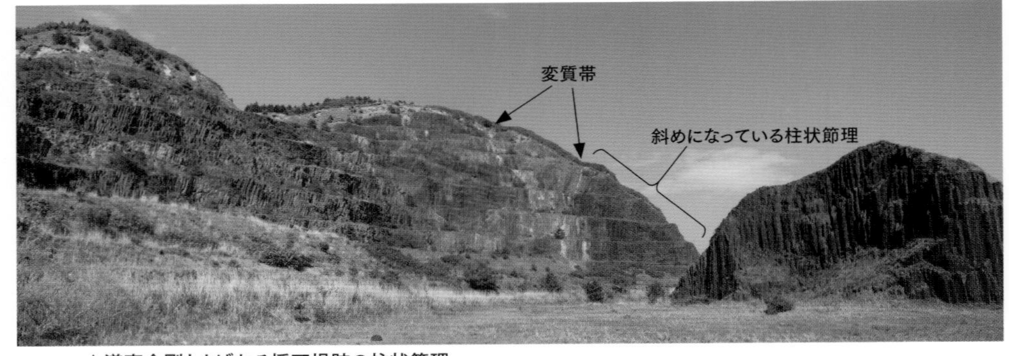

▲道南金剛とよばれる採石場跡の柱状節理

ポットになっています。柱状節理が見事なので、名勝として函館市の文化財にも指定されています。

崖は落石の恐れがあるので遠くからながめてください。ここは30年ほど前まで採石場だったところで、崖につけられたいくつもの段がそれを示しています。柱状節理はほとんど垂直に立っていますが、崖の右端には方向が斜めになっている部分も見られます。柱状節理はマグマが冷える面に対してほぼ垂直に発達するといわれていますが、岩体の冷え方が一様でないと、このように方向が違う部分ができるのでしょう。崖に縦に通っている何本かのオレンジ色や白色の筋になっている部分は、岩石が粘土鉱物などに変質しており、熱水や温泉*水の通り道だったと考えられます。

道路の両側が切り割りになっているところから海岸に下りてみましょう。ここでは柱状節理の断面の上を歩くことができます。断面の形はいびつな四角形や五角形が多いようです。また金網のワイヤーの近くには、収縮した岩体のすき間に砂れきが落ち込んでできた砕屑岩脈(さいせつがんみゃく)*もあるので探してみましょう。

▲海岸に見られる柱状節理の断面

▲枝分かれしている砕屑岩脈（幅約20cm）

1億5000万年前　1億年前　2000万年前　1000万年前　現在

| 先白亜紀 | 白亜紀 | | 新第三紀 | 第四紀 |
|---|---|---|---|---|

# 恵山　溶岩ドームがつくり出した別世界

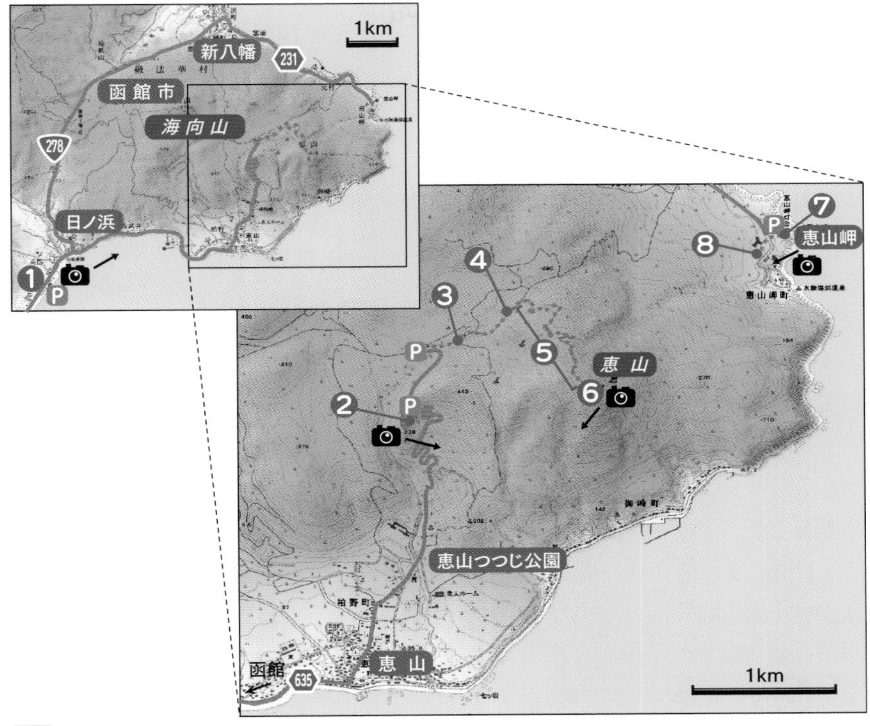


**ルート** 国道278号 → P ❶道の駅なとわ・えさん → P ❷海峡展望台 →
P 火口原駐車場 ―(6分)→ ❸火口原 ―(18分)→ ❹地点 → ❺権現堂コース
―(60分)→ ❻恵山山頂
→ P ❼恵山岬灯台公園 ―(5分)→ ❽十三曲がりコース

**みどころ** 恵山（えさん）は亀田半島の突端にある活火山（かつかざん）*です。道立自然公園にも指定されており、エゾヤマツツジが見ごろとなる季節以外は、訪れる人も少ない静かなところです。恵山の荒涼とした火口原では大迫力の爆裂火口を見ることができます。溶岩ドーム*を登る登山コースには巨岩が立ち並び、別世界に足を踏み入れたような感覚になります。活火山の魅力をたっぷりと味わいましょう。

## ❶ 道の駅なとわ・えさん　恵山の溶岩ドーム群と砂鉄の海岸

函館市街から恵山までは車で1時間ほどです。国道278号沿いにある道の駅なとわ・えさんに寄って、海岸の景色を見ましょう。

▲恵山の溶岩ドーム群と砂鉄が濃集している海岸

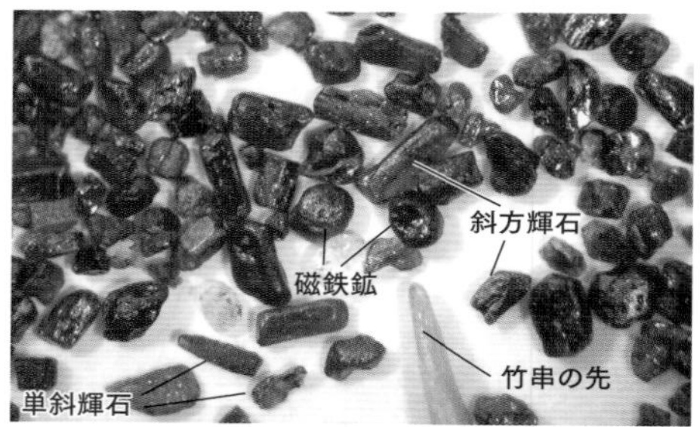


▲ルーペで見た海岸の砂

海岸に出ると、北東に赤茶色の山肌をした恵山山頂が見えます。おわんをふせたような形をしているのは、溶岩*が盛り上がるように噴出したからです。このような形の火山を溶岩ドーム（溶岩円頂丘）といいます。恵山山頂の左に見える海向山も溶岩ドームです。じつは、恵山火山は海向山をふくめた七つの溶岩ドーム群からなる火山で、その中でいちばん新しい溶岩ドームが恵山山頂なのです。

このあたりの海岸は一面が黒い砂浜になっています。色が黒いのは、砂に砂鉄が多くふくまれているからです。砂粒をルーペで見ると、黒光りする磁鉄鉱*と茶色の斜方輝石*、緑がかった単斜輝石*からなり、他の鉱物や岩片*はわずかです。どの粒も波で洗われて角が丸くなっています。

この近くの山では、昭和時代に道内一といわれる砂鉄を採掘する鉱山が稼行していたそうです。周辺に分布する第四紀*層には砂鉄が地層のように濃集して広がっており、それを採掘していたのです。採取された砂鉄は釜石や室蘭、和歌山などの製鉄所に送られていました。現在、砂鉄鉱山はありませんが、海岸の砂鉄はこの地層中にあったものが打ち上げられているのかもしれません。

## ❷ 海峡展望台　溶岩ドームの崩落地形

道道635号を進み、恵山市街に入ったら「恵山公園」を示す道路標識のところで左折します。「恵山つつじ公園」入口の左の道をそのまま進むと火口原駐車場まで行くことができます。つづら折りの道を上りきると海峡展望台です。

▲馬蹄形の崩壊斜面と岩屑なだれ（点線は岩屑なだれ堆積物の分布範囲）

この展望台からは、晴れていれば津軽海峡と下北半島の山々を見わたすことができます。展望台の東側には、きれいな半円形の斜面が広がっています。上から見ると馬の蹄（ひづめ）のような形をしているので、馬蹄形（ばていけい）とよばれます。この斜面は、スカイ沢山の溶岩ドームが成長している途中で、山体が崩壊してできたと考えられています。崩れた山体は岩屑（がんせつ）なだれ*となって流れ下り、海岸まで達しています。下に見える少し高くなっている部分は崩れた山体の一部でしょう。この上に前山展望台があります。

### ❸ 火口原　恵山溶岩ドームの爆裂火口

火口原は、鳥瞰図（ちょうかんず）*を見てわかるとおり溶岩ドーム群に囲まれた平坦面です。これらの溶岩ドームの中で最初に噴出したのは海向山で、約43000年前とされています。くわしい調査によると、その後、北外輪山（がいりんざん）、南外輪山、椴山（とどやま）およびスカイ沢山、恵山山頂および御崎の順で溶岩ドームができたようです。恵山火山の活動は溶岩ドームの噴出にともなって多数の火砕物も噴出しています。これらの堆積物と溶岩の重なりを細かく調べていくと、噴火活動の移り変わりがわかってくるのです。約8600年前に恵山山頂と御崎溶岩ドームが噴出したときには、大規模な火砕流（かさいりゅう）*噴火も起こりました。火砕流は恵山の南部や北東部を広くおおい、火砕流台地を形成しています。市街地はこの台地の上にあります。

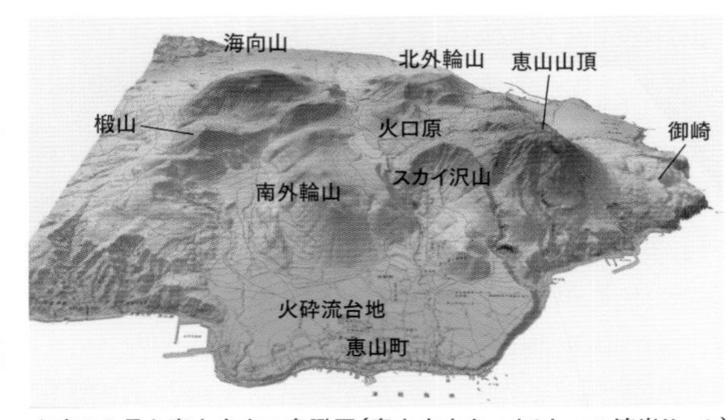

▲南から見た恵山火山の鳥瞰図（恵山火山をつくる七つの溶岩ドーム）
地理院タイル「火山基本図データ（陰影段彩図）」を3D表示したものに追記

▲恵山山頂溶岩ドームの爆裂火口

恵山山頂溶岩ドームがよく見えるところまで行きましょう。火口原に面した溶岩ドームの西側は、大きくえぐり取られてドームの内部が見えています。これは約2500年前に起きたとされる噴火で開いた爆裂火口です。爆裂火口は左側の大きなY火口と右側のX火口が並んでいます。現在も盛んに噴気を上げており、変質した山肌が白っぽくなっています。火口原に散らばる多くの岩塊は爆発で噴きとばされた山体の一部でしょう。足もとは火山灰*質の砂れき地ですが、爆裂火口の形成後にもたびたび小噴火をくりかえししているため、これらの堆積物も交じっています。

Y火口の下には大きな砂防ダムや流路工（りゅうろこう）が造られています。また斜面には幾重にも木の柵が張り巡らされ、土砂の流出を防いでいます。これらは溶岩ドームの山体が崩れやすいことを示しており、恵山では大雨などによる土石流（どせきりゅう）*の発生にも警戒しなくてはならないのです。

コースから左に50m離れたところに、太陽電池パネルのついた監視カメラが置かれています。これは気象庁が設置した火山観測施設のひとつで、カメラは爆裂火口に向けられ溶岩ドームの活動状況をリアルタイムで監視しています。活火山である恵山の周辺には7か所ほどの観測施設があり、地震計、傾斜計、空振計、GNSS（衛星測位システム）によって常時観測が行われ、噴火による危険の予知と防災に役立てられています。

▲気象庁恵山火山観測局（監視カメラ）

注意

**恵山は活火山です。事前に火山情報を調べて安全を確認しておきましょう。火山地帯なのでコースを外れると危険です。風の弱い日には火山ガスにも注意しましょう。**

気象庁「恵山の活動状況」
https://www.data.jma.go.jp/svd/vois/data/tokyo/STOCK/activity_info/114.html

## ❹ 地点　溶岩ドームをつくる岩石

恵山山頂までの登山道は権現堂（ごんげんどう）コースとよばれます。権現堂コースへ向かい、分岐点の130mほど手前まで来ると、まわりは巨大な岩が林立する斜面へと変わります。今いる場所は恵山山頂溶岩ドームの縁で、ここから山頂までに見られる岩は、すべて同じ溶岩ドームをつくっているものです。

▲恵山山頂溶岩に見られる流理構造（スケールは1m）

岩を見て何か異様な感じを受けるのは、岩に無数の孔が開いていて、それらが横にのびて積み重なっているからでしょう。この孔は溶岩にふくまれていたガスがたまっていた部分で、ガスを大量にふくんだままマグマ*が地表にしぼり出されたことを示しています。このときにガスの泡はくっつき合い、流れる溶岩の動きに沿って引きのばされたと考えられます。つまりここでは溶岩の流理構造*が細くのびた孔となって見られるのです。

## ❺ 権現堂コース　立ち並ぶ奇怪な岩と変質帯

分岐点を右に折れて権現堂コースを登ります。コースの両側には、たくさんの穴が開いた奇怪な形の岩が続きます（☞p.44写真左上）。穴の直径は5〜10cmくらいのものが多いようです。岩に近づいてみると、岩質は灰色の安山岩*で白い斜長石*の結晶が多く、大きなものは5mm以上あります。

コースを進んでいくと、ところどころで地表の色が変わっていることに気がつきます。色は白や褐色が多く、黄色、あずき色の部分もあります。これらはかつての噴気孔や地熱地帯で、地質が変質して粘土鉱物などに替わっているのです。岩石が赤褐色をしているのは、岩石中の鉄分が高温で酸化したためです。現在

▲奇怪な形をした恵山山頂溶岩（スケールは1m）

▲コースわきに見られる変質帯と酸化した岩石

の噴気活動は爆裂火口内が中心ですが、溶岩ドームができたころは、ドーム全体からはげしく噴気が上がっていたことでしょう。

コースがいちばん爆裂火口に近づいた地点で火口壁を見上げると、ドームの上部をおおう溶岩の流理構造の方向がほぼ垂直になっているのが見えます。双眼鏡で見るとはっきりします。④地点で観察した溶岩の流理構造を示す孔は水平方向にのびていました。溶岩ドーム上部の流理構造と方向が違う理由を考えてみましょう。

▲溶岩ドーム表面に見られる垂直な流理構造

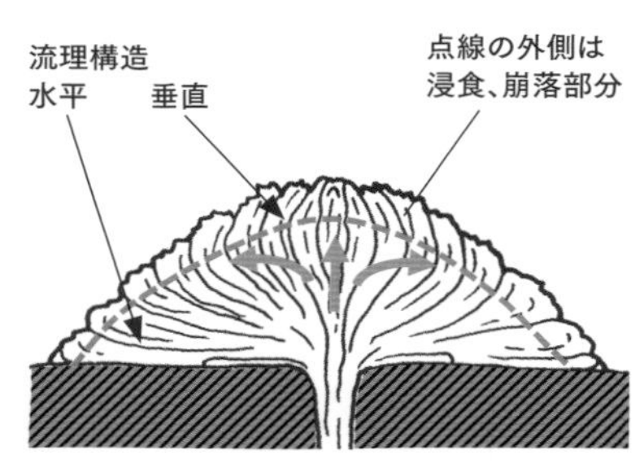


▲噴出した溶岩と流理構造の方向の関係を示すイメージ図

地表に噴出したやや粘り気のある溶岩は、上図のように盛り上がると考えられます。溶岩の流れに沿う筋模様が流理構造で、溶岩中の孔はこの方向にのびています。ドームの表面は浸食や崩落で少しずつ削られていくため、しだいに内部の溶岩が露出することになります。するとドーム上部では垂直方向、下部では水平方向の流理構造が多く現れることになります。流理構造は溶岩の大きな流れを反映しているのです。

▲山頂から望む恵山町市街と日浦海岸

▲山頂のガンコウランの群落

## ❻ 恵山山頂　津軽海峡を望む絶景

**山頂付近はコースがはっきりしていない部分があり、視界が悪いときはコースを見失う可能性があります。慎重に行動し、帰りの目印になるものを見つけておきましょう。**

溶岩ドームの山頂はなだらかで広々としています。岩の間からは、眼下に恵山町市街が広がる火砕流台地や、遠く日浦海岸まで見通すことができます。晴れていれば津軽海峡の向こうに下北半島の山々が見えるはずです。反対方向には、海向山や椴山などの溶岩ドーム群がよく見えます。p.41の鳥瞰図と見比べながら地形を確認しましょう。

溶岩ドームの上は、植物にとってたいへんきびしい環境にあります。岩のすき間を埋めている火山灰質の砂れきは土壌化しておらず、風雨で移動しやすいので根がつきにくく、さらに噴気や地熱が育成を困難にしています。しかしこのような自然の中でも高山性の植物が見られます。山頂付近ではガンコウランの群落が多く見られます。群落の縁を注意して見ると、西側だけ茎がなぎ倒されて砂れきがえぐられています。これは山頂を吹き抜ける西風がたいへん強いことを示しています。

## ❼ 恵山岬灯台公園　火砕流台地と水無(みずなし)火口

日ノ浜町から国道278号を北上し、新八幡(しんはちまん)町（旧椴法華(とどほっけ)村）の海岸に出たら右折して道道231号に入り、恵山岬方面へ向かいます。約4㎞で左手に恵山岬灯台公園の駐車場があります。

散策路を歩き海岸の見えるところまで行きましょう。海岸のごつごつとした岬は巨岩と火山灰が入り交じった火砕流堆積物でできています。恵山山頂や御崎溶岩ドームが噴出したときに、山体の一部が崩れながら火砕流を発生させ、恵山北東部に広い火砕流台地をつくったのです。公園周辺の平坦な地形は、この火砕流堆積物でできています。

振り返って恵山を見ると、山肌が裂けたような火口が見えます。この火口は江戸時代末の1846年に爆発があったところで、水無火口とよばれます。爆発で発生した岩屑なだれはふもとの元村地区を襲い、25名の人命が失われるたいへんな被害が出ています。

▲恵山岬をつくる火砕流堆積物

## ⑧ 十三曲がりコース 岩屑なだれの爪痕

山側にあるホテルの駐車場の南端に、恵山登山道のひとつである十三曲がりコースの入口があります。ここから林の中に入り、標識のところで右に曲がるコースをはなれて、そのまま少し直進しましょう。

林内は下草が少なく、地表の微地形がわかりやすくなっています。地面には大きさが2mほどもある岩塊が散在し、地表面は波打つように高さ1m以上のマウンドが続いています。これらは1846年に発生した岩屑なだれや土石流によるもので、堆積物は水無沢に沿って海岸まで達し、水無海浜温泉のあたりをおおっています。まわりの林はその後の約180年間で回復した植生の状況を示していますが、土石流への警戒は今後も必要です。

▲岩屑なだれを発生させた水無火口

▲岩屑なだれでできたマウンドと流れてきた岩塊

# 第2章

# 駒ヶ岳・大沼周辺

大沼公園
駒ヶ岳
鳥崎渓谷
亀田半島北東海岸

# 大沼公園 流れ山がつくった絶景

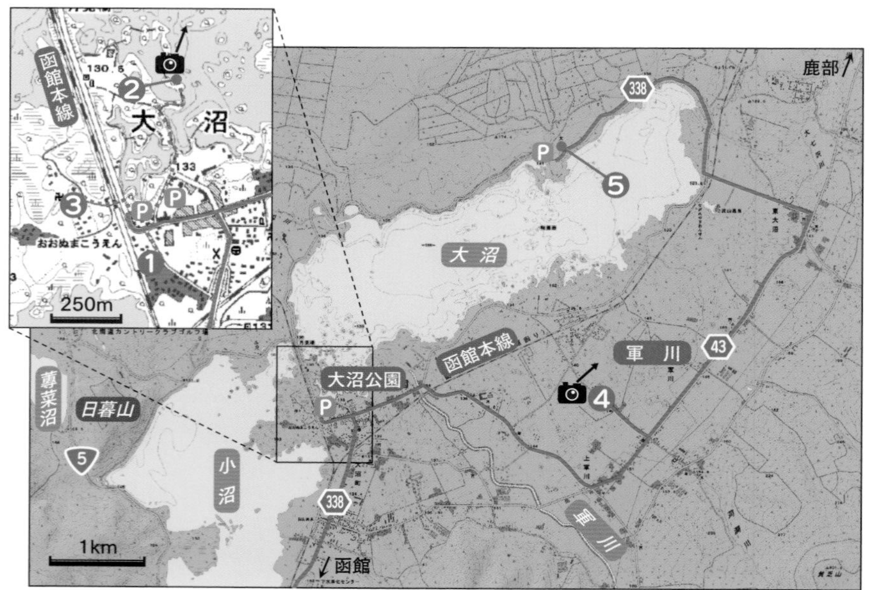


ルート P大沼公園 —(2分)→ ❶大沼国際交流プラザ
　└(2分)→ ❸昭和寺前　└(11分)→ ❷大沼散策路
　└→ ❹軍川地区 → ❺大沼駒ヶ岳神社

みどころ 駒ヶ岳(こまがたけ)を背景にたくさんの小島が水面に浮かぶ大沼公園は、道南でははずせない観光スポットです。駒ヶ岳と大沼、小沼などの湖沼をふくめた一帯は、1958(昭和33)年に北海道で最初に指定された国定公園でもあります。ここを訪れると、そののどかな風景にいつまでも浸っていたい気分になります。

この風景がつくられるもととなったのは、1640(寛永17)年に起こった駒ヶ岳の大噴火です。この噴火では山体が大規模に崩壊して岩屑(がんせつ)なだれ*が発生し、南側に流れた岩屑なだれは折戸(おりと)川をせき止めて大沼をつくりました。大沼のまわりを巡りながら、駒ヶ岳の大噴火の痕跡を探していきましょう。

## ❶ 大沼国際交流プラザ　大沼国定公園の情報基地

函館方面から道道338号を通りJR大沼公園駅に向かうと、道道が右にカーブする内側に広い無料駐車場（ほかの駐車場は有料）があります。まずここに車を置いて、大沼公園の情報収集をしましょう。

▲大沼国際交流プラザ

駅のすぐ南にある大沼国際交流プラザには、大沼国定公園についての情報が何でもそろっています。とくに「大沼国定公園ガイドマップ」には、大沼散策路の見どころや地形などの細かな情報がのっているのでとても役に立ちます。ぜひ手に入れておきましょう。

## ❷ 大沼散策路　沼に浮かぶ流れ山*

駐車場までもどり、奥に進んでいくと公園広場に出ます。散策路の「島巡りの路」をたどり公魚島（わかさぎじま）まで行ってみましょう。散策路は思いのほかアップ・ダウンの多い道で、大きな岩がごろごろしています。これは大沼の島々のでき方と深く関係しています。

昔の駒ヶ岳は現在よりも高くそびえる成層火山*でしたが、1640年に起こった大噴火で山頂部が大規模に崩壊し、崩れた山体が駒ヶ岳の南側と東側になだれとなって広い範囲に堆積したのです。岩屑なだれの中の大きな岩塊や崩れた山体の

▲公魚島からの景色（小島は駒ヶ岳の岩屑なだれでできた流れ山、奥は山頂部が崩壊した駒ヶ岳）

ブロックは、小高い山となって残りました。これを流れ山といいます。南側に流れた岩屑なだれは折戸川をせき止めたために沼ができ始め、しだいに大きくなって現在のような大沼、小沼、蓴菜沼(じゅんさいぬま)などになりました。岩屑なだれの一部も水没し、小高い流れ山は水面から顔を出す島になりました。大沼に浮かぶ島々はこのようにしてできたのです。島々を巡る散策路のいたるところで岩屑なだれにふくまれている岩塊を見ることができます。これらは駒ヶ岳の山体をつくっていた溶岩です。

▲岩屑なだれの岩塊に根をはる木(スケールは1m)

公魚島からは、駒ヶ岳を背景にして沼に散らばる島々が見られます(☞p.49写真下)。駒ヶ岳の左側の鋭い山頂は剣ヶ峯(けんがみね)とよばれていますが、これは崩れたあとの山体にできたピークのひとつです。目の前に広がる美しい風景は、破壊的な大噴火によってつくられたことを思い起こしてください。

大沼の散策路にはまだまだ魅力的な風景が広がっています。時間があればゆっくりと島巡りを楽しみましょう。

### ❸ 昭和寺前　流れ山の中身

駐車場にもどり、道道と踏切を渡って小沼の方へ向かうと、昭和寺の手前左側に高さ5m、直径25mほどの小山があります。これは陸上で見られる流れ山のひとつです。流れ山の下半部は植生や土砂のかぶりが少ないので、流れ山の中身を直接観察できます。

この流れ山の大部分は大きさが70cm以下の安山岩(あんざんがん)*の角れきが積み重なってできており、角れきの間は細かな岩石片やあらい火山灰*で埋められています。これらはいずれも駒ヶ岳の山体をつくっていた岩石

▲むき出しになっている流れ山の中身(スケールは1m)

や火山灰で、岩屑なだれは山体から10km以上離れたところまで達していることがわかります。

## ❹ 軍川(いくさがわ)地区　沼を越えて広がる流れ山

道道338号を東へ約1km進み、軍川を渡った先のY字路を右に入ります。約2km進み道道43号との交差点で左折し、さらに750m進んだところで左折します。道は畑の中を通っていますが、畑の中にはこんもりとした小山が点々とあることに気がつきます。

軍川地区の周辺も岩屑なだれが広く堆積している地域です。大沼の水面の標高は129mなので、それより高いところでは陸上で流れ山地形を見ることができます。畑の中の林は、その流れ山なのです。流れ山は大沼の東端で折戸川が大沼から流れ出るあたりまで続きます。大沼の南には畑や水田が広がっていますが、岩塊だらけの岩屑なだれの土地を農地につくりかえていくのは、さぞかしたいへんな苦労があったと思われます。

▲軍川地区の畑の中に点々と続く流れ山

## ❺ 大沼駒ヶ岳神社　崩れそうな流れ山

道道43号を北東へ進み、道路標識があるところで大沼公園方面へ左折します。直進して踏切を渡ると、大沼を一周する道道338号に突き当たります。右折して対岸の大沼駒ヶ岳神社まで行きましょう。駐車スペースは、神社を200m過ぎた右側にあります。

神社の鳥居の横には、高さ5m、直径17mほどの流れ山があり、大岩とよばれています。今にも岩が崩れそうなので、ロープ内には入らないでください。

流れ山をつくっている巨岩(きょがん)には、たくさんの不規則な割れ目が入っています。

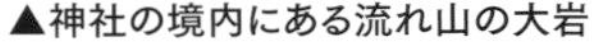
▲神社の境内にある流れ山の大岩

▲ジグソークラック（矢印、写真左の白枠部分）

しかし岩はばらばらにならずに外形を保っています。このような割れ目は岩屑なだれの岩塊に特徴的なもので、あたかもジグソーパズルのように岩石が組み合っていることからジグソークラック*とよばれます。この割れ目は、岩屑なだれの中で岩どうしがはげしく衝突をくりかえしながら運ばれてきたことを物語っています。

駒ヶ岳は活動的な活火山*なので、将来また大噴火を起こしてまわりの景色が一変してしまうかもしれません。日常の防災対策をしっかりとたてながら、火山と共生していくことが大切です。

## ここもおすすめ！

### きじひき高原パノラマ展望台
**見逃せない絶景**

**場所** **北斗市村山、きじひき高原**

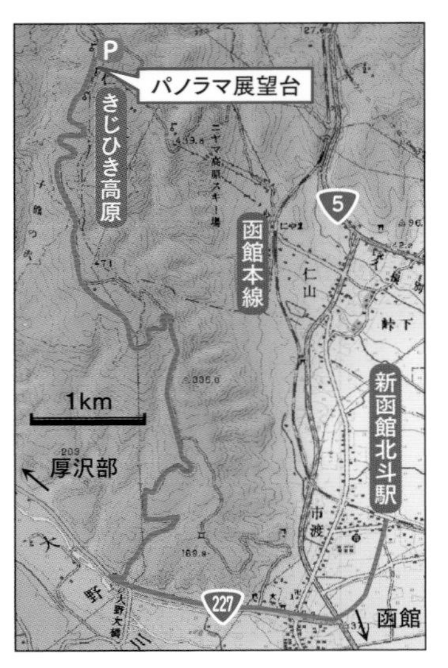


JR新函館北斗駅から国道227号に入り、右手に「きじひき高原」の看板があるところで右折します。道なりに7.7km進むと、右手にパノラマ展望台への入口があります。この展望台からはすばらしい景色を望むことができ、「大沼公園」コースのしめくくりとしてぜひ訪れてほしいところです。

展望台に上ると、東に駒ヶ岳と大沼・小

▲展望台から一望できる駒ヶ岳、大沼・小沼の絶景

沼が一望できます。沼には流れ山がたくさんの小島となっていることがよくわかります。1640年の大噴火で駒ヶ岳が崩壊して発生した岩屑なだれは、目の前の風景をすべて埋めつくしていたはずです。それから400年近くの年月が経つうちに、森林が再生を始め、沼が形成され、こののどかな景色をつくりあげたのです。自然の大きな力は、長い時間の間にこのような風景を何度もつくり変えてきたに違いありません。

展望台の南には函館平野が広がります。天気が良ければ津軽海峡をはさんで青森県の山々まで見通すことができます。函館山は細い砂州で陸地とつながり、その上に街ができていることがよくわかります。

「函館平野西部」コース（☞p.27）で観察した集落の並びを探してみましょう。平野には水田の中に函館湾に向かって細く連なる集落の並びがいくつも見えます。これらの大部分は大野川や久根別（くねべつ）川がつくった自然堤防*の上にできているのです。

▲展望台の南に広がる函館平野の展望（黄色楕円内は自然堤防上に並ぶ集落、望遠レンズ使用）

# 駒ヶ岳 形を変える活火山

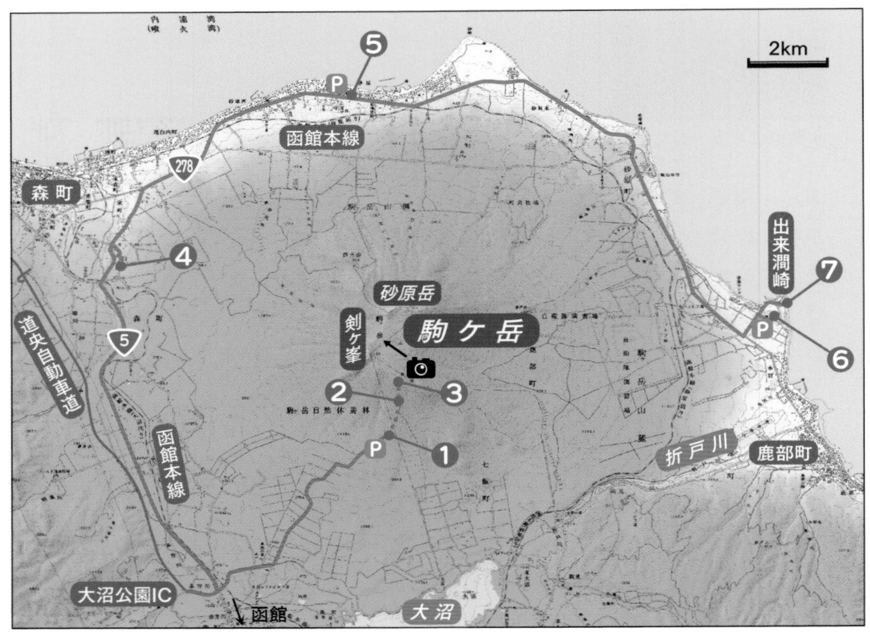


ルート 大沼公園IC→道道43号→P 6合目駐車場→❶7合目→❷9合目→❸馬ノ背（登山口から70分）
国道5号→❹白川→国道278号→P ❺道の駅つど～る・プラザ・さわら
→P ❻ひょうたん沼公園→❼出来澗崎

みどころ 多くの人が知っている駒ヶ岳の姿は、駒ヶ岳の南にある大沼公園から見たものでしょう。左側にとがった山頂をもつ独特の山容は、一度見たら忘れられません。しかし違う方向から見ると、駒ヶ岳はまったく別の姿を見せます。それらの地形は駒ヶ岳のはげしい噴火によってできたもので、噴火のたびに駒ヶ岳はその形を変えてきたのです。駒ヶ岳をぐるりと回りながら、地形と噴火との関係を見ていきましょう。

駒ヶ岳は常時観測が行われている活火山*です。山体の斜面や海岸の露頭（ろとう）*では歴史時代に起こった大規模な噴火のようすを知ることができます。

駒ヶ岳は活火山です。事前に火山情報を調べて安全を確認しておきましょう。登山道のまわりは回復途中の低い樹林なので、風や日射の強い日は十分に対策をとってください。

気象庁「駒ヶ岳の活動状況」
https://www.data.jma.go.jp/svd/vois/data/tokyo/STOCK/activity_info/113.html

## ❶ 7合目　火砕流(かさいりゅう)*がつくる波状地形

道央自動車道の大沼公園ICを出て左折し、道なりに2.6km進むと「駒ヶ岳登山道」の標識のある交差点があります。そこを左折して約4.8km坂道を上っていくと登山口の駐車場です。広い駐車場には大きな軽石(かるいし)*がごろごろしており、ここが活火山の中腹の火山灰*地であることを思い知らされます。これからの登山道の地面は、馬ノ背まで同じ地質が続いています。

▲軽石層が重なる波状地形の断面が現れている露頭（スケールは1m）登山道は流水で浸食されている

10分ほど登ると、登山道が地表を深く削っているところがあります。登山道は人が通るために植物が育たず、つねに裸地状態なので風雨にさらされて地表の浸食が進み、谷のようになっているのです。登山道を維持するためには、浸食を食い止めるための修復工事が必要になるでしょう。

地表が削られている部分では地質の断面を観察することができます。やはり火山灰に埋もれた大小の軽石ばかりですが、よく見ると、それらはいくつもの層になって重なっていることがわかります。また、地表面は登山道に沿ってゆるく盛り上がる形をしています。

じつは、登山道の周辺には1929(昭和4)年の大噴火で噴出した火砕サージ*や火砕流の軽石や火山灰が厚く堆積しています。山体の斜面を流れ下るこれらの火砕物(かさいぶつ)*は何層も積み重なり、斜面上には砂丘のようないくつもの波状地形をつくりました。登山道ではその断面を見ているのです。登山道の傾斜が緩急をくりかえしているのも、地表が波状地形になっているからです。

## ❷ 9合目　登山道に露出する火砕流

▲1929年の火砕流が露出する登山道

8合目を過ぎると、登山道の傾斜は増してきます。ところどころで赤褐色の地肌が見えているところを歩きます。この火山灰や軽石は、1929年に噴火した火砕流の本体部分で、色が赤いのは高温で鉄分が酸化したためと思われます。

ところで、1929年の大噴火で火砕流におおわれたときには、地表の植物は壊滅し、あたり一面が砂漠のような景色になっていたはずです。それから約100年が経過した現在では、カラマツの幼木が馬ノ背まで続くほど植生が回復してきています。しかし軽石や火山灰の上にできた土壌はたいへんうすく、浸食が進むとふたたび裸地化して災害も発生しやすくなるので、緑化対策を継続していくことが大切です。

## ❸ 馬ノ背　剣ヶ峯の尖峰と砂原岳（さわらだけ）

駒ヶ岳には入山規制がかけられていて、登れるのは馬ノ背までです。馬ノ背のあたりはなだらかな斜面が続き、その奥には鋭い山頂の剣ヶ峯とその右にやや平らな砂原岳が見えます。右後ろに見える小高い丘は隅田盛（すみだもり）とよばれます。

駒ヶ岳は1640年の噴火で山頂部が大規模に崩壊したことが知られています。崩れた山体は岩屑なだれ*となって東と南に流れ下り、ふもとに流れ山*地形をつくりました（☞p.58下図）。崩壊後の山体には、広い火口原のまわりにいくつかの

▲馬ノ背から見た剣ヶ峯と砂原岳

▲溶岩の上に溶結火砕岩が重なっている砂原岳

ピークができました。駒ヶ岳はその後も大噴火を起こし、火口原は火砕物で埋められましたが、残っているピークが剣ヶ峯、砂原岳、隅田盛なのです。

剣ヶ峯と砂原岳の左側は、ごつごつとした岩でできています。これは駒ヶ岳が成層火山*をなしていた数万年前に噴出した安山岩*の溶岩(ようがん)*が見えているのです。さらに双眼鏡などで見ると、砂原岳には溶岩の上に別の地層が重なっているように見えます。これも成層火山のときの噴出物で、噴火口近くに堆積した火山灰や軽石・スコリア*などが、高温のためにふたたびとけ出して溶結(ようけつ)*し、冷え固まったものです。このようにしてできた岩石は溶結火砕岩*とよばれており、馬ノ背周辺でも噴火で噴きとばされてきた溶結火砕岩の巨岩が多く見られます。

▲溶結火砕岩の岩塊(スケールは1m)

## ❹ 白川　押出沢(おしだしざわ)の爆裂火口(ばくれつかこう)

▲白川付近から見た押出沢の爆裂火口

国道5号を森町(もりまち)方面へ向かい、尾白内川(おしろないがわ)を渡る手前で鹿部(しかべ)方面へ右折します。1kmほど進んで交差点を右折し、白川神社の前を過ぎて少し行くと、畑の向こうに駒ヶ岳がよく見えます。

ここから見る駒ヶ岳は、大沼側から見た駒ヶ岳の形とはまったく違います。駒ヶ岳には二つのとがった山頂があり、右が剣ヶ峯、左が砂原岳です。二つの山頂の間の谷は押出沢で、大きくえぐられた部分は爆裂火口の跡と考えられています。駒ヶ岳は1640年の大噴火で山体崩壊を起こしましたが、くわしい研究により、それ以前にも数万年前から少なくとも2回の山体崩壊を起こしたことがわかっています。押出沢の爆裂火口ができたときも、岩屑なだれが発生したことでしょう。

白川地区周辺には古い時代の岩屑なだれ堆積物が分布しています。木が多く生えているゆるやかな丘が流れ山なのですが、はっきりとした地形はわかりにくくなっています。白川神社がある小高い丘は流れ山のひとつです。

## ❺ 道の駅つど～る・プラザ・さわら　砂原岳が見える展望台

国道278号に出て駒ヶ岳を右手に見ながら進みます。砂原の街に入ると、左手に道の駅があります。道の駅の上が展望台になっているので行ってみましょう。ここから見える砂原岳は、馬の背から見た砂原岳のちょうど反対側になります。

▲道の駅の展望台から見た砂原岳

砂原岳の山頂部はごつごつした溶岩が現れ、いたるところで崩壊が進んでいます。双眼鏡では、溶岩に続く沢筋の崖や西丸山の奥の斜面には、斜面をおおううすいマットのようなものが見えます。これは、③地点でも観察した溶結火砕岩です。手前に見える西円山は、古い山体の一部で、最近の大噴火の噴出物でおおわれています。

## ❻ ひょうたん沼公園　岩屑なだれがつくった微地形と山体崩壊の爪痕

道の駅から国道を約14km進み、「出来澗（できま）入口」の標識のあるところで左折します。約700m直進してT字交差点を右折すると、左側がひょうたん沼公園です。

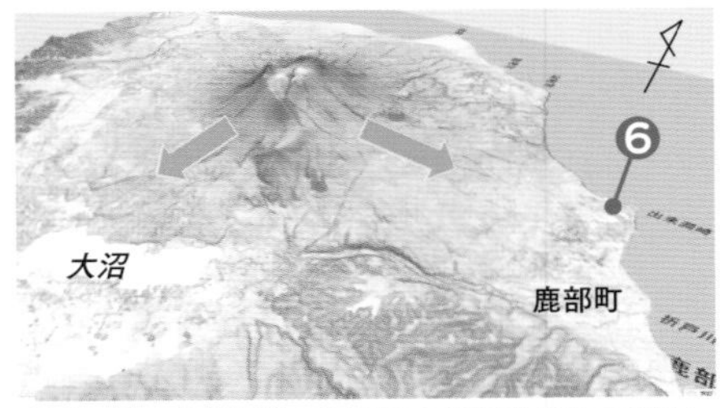

▲駒ヶ岳の鳥瞰図と1640年の岩屑なだれの方向
地理院タイル傾斜量図を3D表示したものに加筆
高さは1.5倍、数字は観察地点の位置

出来澗地区は内浦湾に三角形に突き出た土地で、その先端が出来澗崎です。平坦に見える土地でも、ここに

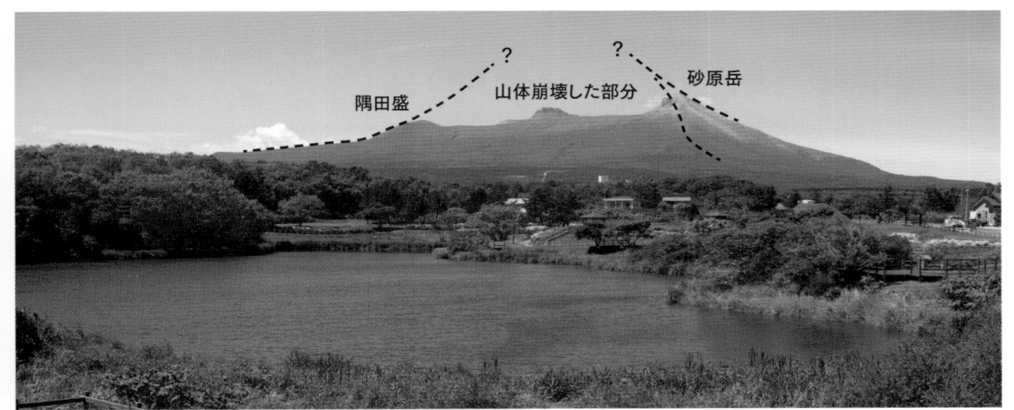

▲瓢箪沼(手前)と山体崩壊の爪痕が残る駒ヶ岳

はいくつかの沼や池があり、地表はでこぼこしていることがわかります。この土地がどのようにしてできたのか、瓢箪沼（ひょうたんぬま）からの景色を見ながら考えてみましょう。

瓢箪沼の奥に見える駒ヶ岳は、砂原岳と隅田盛の間が平らにえぐられたようになっています。この地形は1640年に起きた大噴火による山体崩壊の跡で、崩れた山体は岩屑なだれとなって東の内浦湾に流れ込みました。鳥瞰図（ちょうかんず）*（☞p.58下図）を見ると、山体崩壊したあとの地形がはっきりわかります。出来澗地区はこのときの岩屑なだれ堆積物でできており、たくさんの流れ山で地表はでこぼこしているのです。くわしい研究によると、海に流れ込んだ岩屑なだれは出来澗崎の沖合7〜10kmまで海底に広く堆積していることがわかっています。これだけ大量の土砂や岩塊が流れ込んだため、内浦湾沿岸には津波が発生し、700人あまりが溺死するという大災害となりました。のどかに見える風景の中にも過去の大噴火の爪痕を見ることができるのです。

### ❼ 出来澗崎 駒ヶ岳の歴史時代の噴出物

出来澗崎の海岸へ向かいましょう。「中央出来澗」バス停のところから出来澗崎に向かう細い道に入り、東に向かって直進すると海岸に出たところに駐車スペースがあります。50mほど北に見える海食崖（かいしょくがい）*がめざす露頭です。

海岸には2mを超える岩塊がごろごろしています。これらの岩塊は、岩屑なだれが堆積し

▲ジグソークラック(矢印)が入った岩塊

たあと、波による浸食で洗い出されたものです。海中にも岩があり岩屑なだれが海底にも堆積していることがうかがわれます。岩塊の中には岩屑なだれに特徴的なジグソークラック*が入っているものも見つけられます（☞p.59写真下）。岩塊の多くは輝石（きせき）*の結晶が目立つ安山岩ですが、黒と赤褐色のしま模様のあるガラス質の岩石も多く見つかります。これは③地点の馬ノ背でも観察した溶結火砕岩です。それが岩屑なだれによって約10kmも流れてきたのです。

▲黒色レンズ状ガラスをふくむ溶結火砕岩

1640年の大噴火では岩屑なだれを発生させただけでなく、軽石や火山灰も噴出し道南の広い地域に降り積もりました。露頭を少し上ると、岩屑なだれ堆積物の最上部に、このときに堆積した火山灰が見られます。

駒ヶ岳の大噴火による降下軽石層や火砕流には、上のものから順にKo-a〜Ko-d などの記号がつけられています。1640年の大噴火の噴出物はKo-d で、さらに上部には、下から順に$Ko\text{-}c_2$（1694年）、$Ko\text{-}c_1$（1856年）の2層の軽石層が重なっています。草の根の下にはKo-a（1929年）もあります。これらの軽石層の間には昔の地表だったことを示すうすい腐植*層があります。つまり大噴火のたびに地表に軽石層が降り積もり、その表面にまた新たな土壌ができたのです。

▲歴史時代の駒ヶ岳の大噴火の噴出物が見られる出来澗崎の海食崖
$Ko\text{-}c_2$の厚さは約170cm

駒ヶ岳はAランクの活火山です。これからも予想される大噴火にそなえて、日常的な防災対策と常時観測は必須です。

# 鳥崎渓谷　渓谷にかいま見る海底火山活動

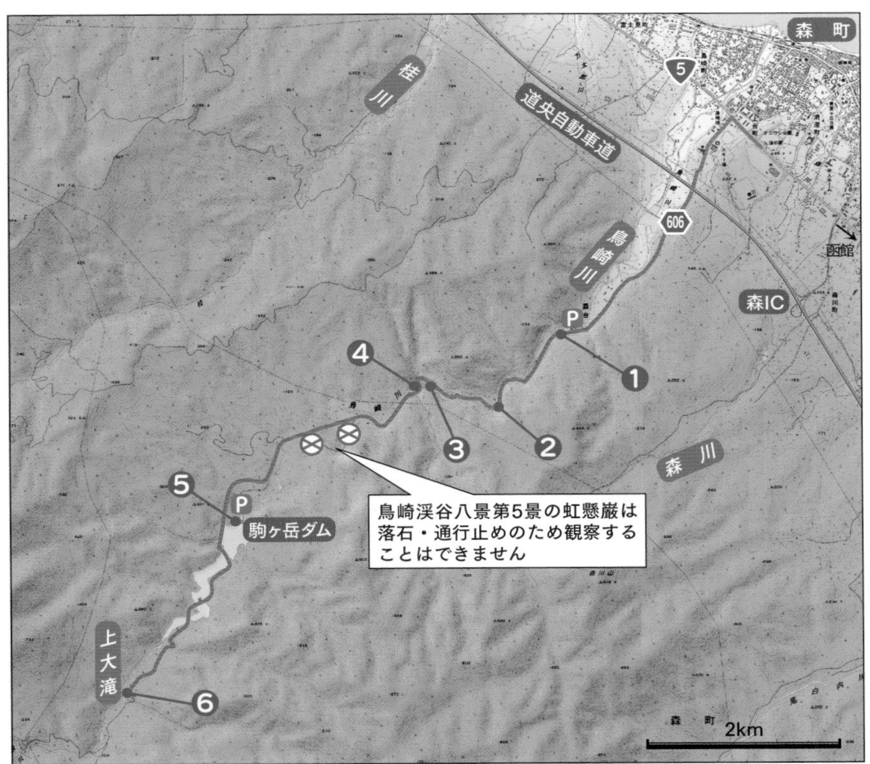


**ルート** 道道606号→P❶屏風崖→❷二見ヶ滝→❸獅子狭間手前→❹獅子狭間→P❺駒ヶ岳ダム→❻上大滝

**みどころ** 森町には、「鳥崎(とりざき)渓谷八景」とよばれる観光スポットがあります。これは鳥崎川がつくり出した深い渓谷に見られる景勝地を八つ選んだものです。これらのうち、地形や地質に関係したものを順に見ていきましょう。

鳥崎川の流域は、新第三紀*中新世(ちゅうしんせい)*後期～鮮新世(せんしんせい)*(1163万～258万年前)に海底に堆積した泥岩*や、火山噴出物の地層が厚く堆積しています。それらの地層に貫入(かんにゅう)したマグマ*も渓谷美をつくりあげるもとになっています。

## ❶ 屏風崖　厚く堆積した火砕岩*の地層

▲屏風崖に現れている火砕岩や砂岩の地層

鳥崎渓谷第2景の「屏風崖」の看板があるところに駐車スペースがあります。道路の先の方を見上げると、右手に高さ約150mもある崖が続いています。この崖に地層が現れているのですが、木が生い茂ってしだいに見えにくくなっているようです。木の葉が少ない春先か秋の方が観察しやすいでしょう。

崖には白っぽく見える凝灰質*砂岩*の地層と灰色の凝灰角れき岩*の地層が交互に重なっています。いずれも海底火山が噴出した火山灰*や溶岩*の破片が近くの海底に運ばれて堆積したものです。このように厚く堆積していることから、当時の海底では活発な火山活動があったことがわかります。

これらの地層は道南の標準層序*の中の黒松内層に対比される地層です（☞p.65豆知識「道南の地層の対比」）。地層にふくまれるケイソウ*化石の研究から、地層が堆積した時代は鮮新世とされています。

## ❷ 二見ヶ滝　渓谷に集まる水

▲急斜面を水が流れ落ちる二見ヶ滝

第3景の「二見ヶ滝」は、道路が大きく右へカーブする頂点のところにあります。道路の左側は急崖で、そこを二筋の水が流れ落ちています。崖には①地点と同じ地層の続きが見られます。

滝の水はどこから来るのでしょうか。地形図を見ると、鳥崎川をはさんで北と南に北東〜南西方向に続く尾根があり、この尾根の間に降った雨は大部分が鳥崎川に流れ込むと考えられます。二見ヶ滝の水も川の水ではなく、谷の斜面で集められたものです。

## ❸ 獅子狭間（ししはざま）手前　傾いた凝灰質砂岩の地層

②地点から730mほど進んだところで左手に地層が現れている切り割りがあります。

切り割りは平面状になっていますが、右側に地層の断面が出ていることから、この平面が地層の層理面（そうりめん）*であることがわかります。地層の岩石を手に取って見ると、黄灰色の凝灰質砂岩で、小さな軽石*が点々と入っています。地層の広がりを示す走向（そうこう）*はほぼ南北で、45° で東に傾斜しています。この地層も黒松内層ですが、これまでの地点より地層の傾斜が大きくなっています。

▲黒松内層の凝灰質砂岩層（スケールは1m）

## ❹ 獅子狭間
### 川岸に切り立つ地層

道路を左に回りきって少し進んだところで路肩に車を止め、上流側から川岸の岩を見ましょう。

第4景の「獅子狭間」は、急流がせまい峡谷をS字状に流れて、崖をはげしく浸食しているところです。右岸の岩は、③地点の下位に続く黒松内層の凝灰角れき岩と凝灰質砂岩の地層です。地層が③地点よりもさらに傾斜しており、地層の堆積後に大きな地殻変動（ちかくへんどう）*があったことを示しています。

▲獅子狭間の切り立った地層

## ❺ 駒ヶ岳ダム　谷幅のせまいところに造られたダム

④地点から2.8km進んで、二股の道の左を行くと第6景「駒ヶ岳ダム」のダムサイトです。このダムは1984年に完成した重力式コンクリートダムです。

▲放水中の駒ヶ岳ダム

まわりの地形を見ると、ダムのあるところは谷幅がとてもせまくなっていることに気づきます。地質図で調べてみると、ここには中新世中期〜後期（約1600万〜720万年前）に堆積した八雲（やくも）層中に貫入した安山岩*が、谷を横切るように分布しています。ダムは谷幅がせまく、丈夫な岩盤のところに造られることが多いので、ちょうどそのような条件がそろっているところに駒ヶ岳ダムが造られたと考えられます。

ダムサイトの安山岩は、第7景の「新鳥崎大橋」へ行く途中の左手にある駐車場に一部が露出しています。谷幅のせまいようすは、新鳥崎大橋の上からも見ることができます。

## ❻ 上大滝　硬い砂岩を削る滝

道道を奥へ進んで鳥崎川にかかる三つの橋を渡り、さらに1.1km行くと、左カーブの手前に第8景「上大滝」の看板があります。右に川岸へ下りる小道がありますが、柵の一部が壊れているので注意してください。川岸から50mほど上流に豪快に流れ落ちる上大滝が見えます。

**注意**
**この地域はヒグマの生息域なので、クマよけ対策はしっかり行ってください。**

▲八雲層の砂岩層を流れ落ちる上大滝（落差は約10m）

滝となっている崖の地質を調べてみましょう。崖には層理が発達した暗灰色の細粒砂岩の地層が現れています。地層の走向はほぼ東西で、約45°で南に傾斜しています。上流に向かって傾斜する地層の上を川が流れて浸食しており、滝には二つほど段ができています。この地層は八雲層とよばれ、道南に広く分布する中新世の標準的な地層のひとつです。川の下流側を見ると、右岸に黒い岩盤が出ています。これは八雲層に貫入した安山岩の小さな岩脈（がんみゃく）*です。

## ●道南の地層の対比　地層名はこれで整理

道南は、北海道の中でも早くから地質調査が精力的に進められ、新第三紀*の地層の層序*が明らかにされた地域です。それらは下図の黒松内～八雲地域に示されている四つの地層です。しかし地層は必ずしも広い地域に連続して分布するわけではありません。同じ時期の地層でも、火山活動のはげしい地域では層相*がまったく違う火砕岩*が堆積していることもあるのです。そこで研究者たちは、地域ごとに地層名をつけて、それが周辺地域のどの地層と対比できるか、またいつの時代の地層かを検討しています。本書でとりあげたおもな地層は下図のように対比されます。地層名が出てきたら、この図を見て層序を確認してください。

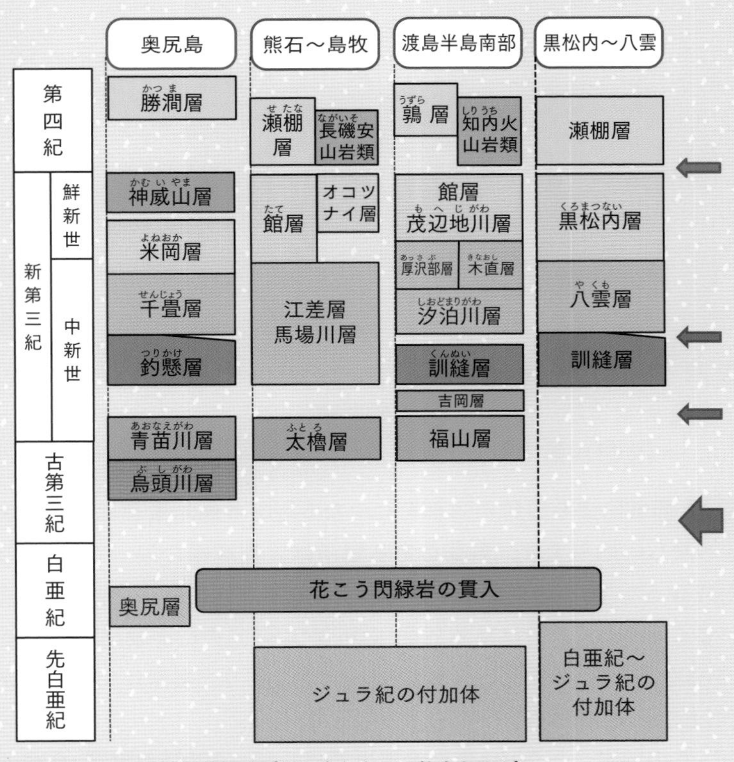

▲道南のおもな地層の対比図（右の青矢印は不整合を示す）

1億5000万年前　1億年前　2000万年前　1000万年前　現在

先白亜紀 | 白亜紀 | 新第三紀 | 第四紀

# 亀田半島北東海岸　海底火山活動と縄文遺跡

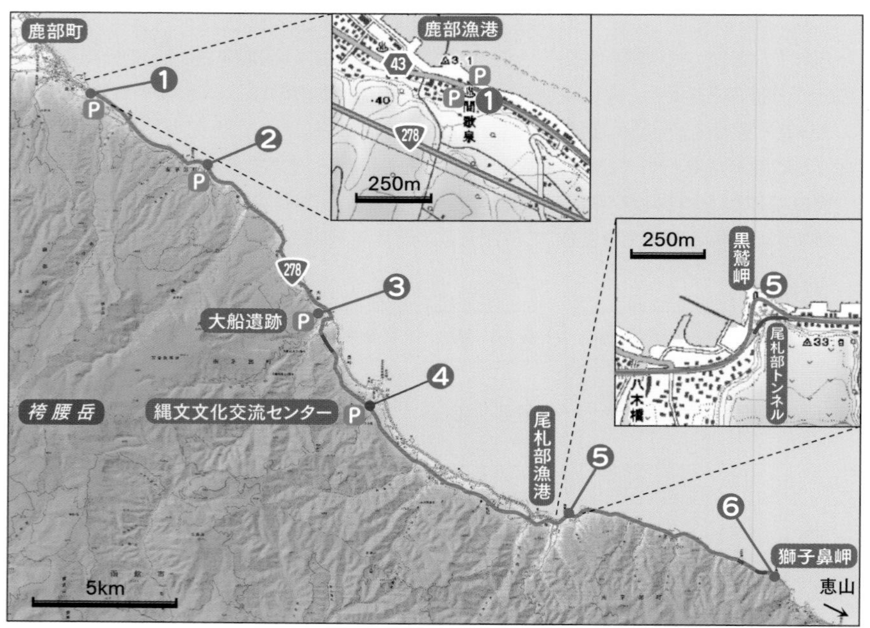


**ルート**　道道43号→P❶しかべ間歇泉公園→P❷岩戸パーキングエリア
→P 大船遺跡－（3分）→❸大船遺跡
└→P❹函館市縄文文化交流センター→❺黒鷲岬→❻獅子鼻岬

**みどころ**　鹿部町から函館市古部(ふるべ)町にいたる亀田半島北東部は、山が海岸までせまる険しい地形です。集落のある場所は、海岸線に沿って細くのびる平地や海成段丘*、河川の河口にできたわずかな平坦地に限られます。海岸には岩礁が多く、その大部分は新第三紀*中新世*に海底火山が噴出した溶岩*や火砕物*からなる凝灰岩(ぎょうかいがん)*や火山角れき岩*でできており、当時は火山活動が活発だったことがうかがえます。

　また、この地域には2021年に世界遺産に登録された「北海道・北東北の縄文遺跡群」を構成する大船(おおふね)遺跡と垣ノ島遺跡があります。縄文人が暮らした大集落の形成と地形とのかかわりも見ることができます。

## ❶ しかべ間歇泉(かんけつせん)*公園　勢いよく噴き出す熱湯

鹿部町市街中心部から道道43号を恵山(えさん)方面へ向かいます。鹿部漁港を過ぎると、右手に道の駅しかべ間歇泉公園があります。間歇泉は、道の駅に併設されている外壁の内側にあるので、外からは見えません。

▲しかべ間歇泉公園の外壁

道の駅内で受付（有料）をすませて中に入ると、壁で囲まれた敷地の角に直径1mくらいの管があり、その中に噴出孔が見えます。湯は10～15分間隔で約40秒間も勢いよく噴き上がります。湯の飛散防止のために約7mの高さに傘がつけられています。もし壁や傘がなければ、道道まで湯がとびちります。

▲勢いよく噴き上がる間歇泉

しかべ間歇泉は1924（大正13）年に温泉*を掘っているときに偶然発見されました。それ以来100年近くも衰えることなく毎回500リットルもの温泉を噴き上げており、2018年には北海道遺産にも選定されました。施設内には間歇泉の仕組みを解説したパネル展示や足湯、休憩所などもあり、ゆっくりと見学できます。

## ❷ 岩戸パーキングエリア　浅い海で起きた噴火の証拠

国道278号との合流点から3.2km進んだ左手にパーキングエリアがあります。海岸へ下りる階段のまわりのごつごつした岩が露頭*です。

露頭には丸みをおびたたくさんの黒色のれきが見られます。どのれきも無数の孔が開いており、マグマ*からガスが抜けたものであることを示しています。れきの中には、濃褐色の急冷縁(きゅうれいえん)*をもつものもあります。このことから、これらのれきは、海底の浅いところで火山が噴火したときにとびちったマグマが冷えてで

▲階段のまわりの集塊岩の露頭

きた火山弾*であると考えられます。このように火山弾が海底に堆積してできた岩石を集塊岩（しゅうかいがん）といいます。火山弾は安山岩*質で、火山弾が重なるすき間は同質で黄灰色の火山灰で固められています。中新世には、この地域で火山弾がとびちるようなはげしい噴火があったのです。

▲急冷縁をもつ火山弾

## ③ 大船遺跡　縄文人の拠点集落

国道278号を進み、大船川（おおふながわ）を渡ったら右折し道道980号に入ります。550m進んで交差点を右折し尾札部（おさつべ）道路をさらに550m進むと、右手に大船遺跡の新しい駐車場があります。

▲広い海成段丘面に残された集落跡

大船遺跡は縄文時代中期（約5500〜4000年前）を中心とする遺跡で、1500年間にわたって縄文人の拠点集落となっていたところです。2001年に国の史跡に指定され、2021年には世界遺産の登録遺跡のひとつになりました。

集落がつくられた広い平坦面は海成段丘面*で、国道からの坂道は段丘崖（だんきゅうがい）*を上っていたことになります。この段丘は道南の各地の海岸沿いに見られ、約13万〜12万年前の温暖な時期（最終間氷期*）に海水面が上昇していたときにつくられたと考えられています。

大船遺跡のある場所は、目の前が海、後ろは豊かな森、南に大船川が流れるという定住には絶好の条件をそろえています。竪穴（たてあな）住居*は2m近くも深く掘り込んだ床に木組みをして造られているのが特徴で、敷地内には復元された住居があります。管理棟には遺跡の発掘経過の解説パネルや出土遺物が展示されています。縄文人が地形をうまく利用して生活を営んでいたことがわかります。

## ④ 函館市縄文文化交流センター　縄文人の世界にふれる展示

尾札部道路を南東に向かい、国道278号の新道を進みましょう。この新道はほぼ標高50mの海成段丘面上にあり、山の斜面との境目に通っています。

▲函館市縄文文化交流センター（建物中央は道の駅、右端に垣ノ島遺跡の入口がある）

しばらく行くと、左手に2011年に開館した函館市縄文文化交流センター（有料）があります。ここには、道南の縄文遺跡から出土した貴重な遺物が展示されており、世界遺産「北海道･北東北の縄文遺跡群」を知るための重要な施設です。展示物からは、豊かな精神性にあふれた縄文人の生活を知ることができます。特に北海道で2例しかない国宝のうちの一つである「中空土偶（ちゅうくうどぐう）」（尾札部町著保内野（ちょぼないの）遺跡出土）は必見です。

建物の右端から垣ノ島遺跡に入ることができます。この遺跡は大船遺跡よりも長期にわたる縄文時代早期〜後期（約9000〜3000年前）の集落跡で、2011年に国の史跡に指定されました。ボランティアガイドがていねいに説明してくれるので、時間があれば見学しましょう。

### ❺ 黒鷲岬（くろわしみさき）　石器になった頁岩（けつがん）*

▲黒鷲岬の岩礁をつくる汐泊川層の硬質頁岩層

国道278号の新道は尾札部漁港の東で終わります。少し行くと尾札部トンネルがありますが、トンネル左の旧道を進んで黒鷲岬に向かいます。岬には「北海道建網大謀網（たてあみだいぼうあみ）漁業発祥之地」碑があり、その前に車を止めることができます。

岬は切り立った岩礁が沖に向かってのびています。右側にある階段を下りて岩礁の岩石を観察しましょう。岩礁は硬質頁岩の地層が海上に現れたもので、汐泊川層（しおどまりがわそう）とよばれています。この地層は道南に広く分布する中新世の八雲層に対比されています（☞p.65豆知識「道南の地層の対比」)。地層は切り立っており、平らな層理面*の走向は北西〜南東を示し、北東へ70°近く傾斜しています。この地点の硬質頁岩は、さらに変成を受けてガラス質になっています。岩石の割れ口が鋭いのでけがをしないように必ず軍手をつけてください。ハンマーで岩石をたたくと、たたいた点から同心円状に広がる波模様が割れ口にできます。これはガラス質の岩石に特徴的な割れ方で貝殻状断口(かいがらじょうだんこう)といいます。

▲ガラス光沢のある硬質頁岩にできた貝殻状断口

貝殻状断口ができる代表的な岩石として、石器にも利用される黒曜石*がよく知られています。黒鷲岬の硬質頁岩は黒曜石と同じように鋭く割れることから、縄文人たちは石器をつくるための石材として利用していたようです。道南の縄文遺跡からは頁岩製の石器が数多く出土しており、産地が遠い黒曜石よりも、道南の各地で簡単に採取できる頁岩がより多く用いられていたことがわかります。

## ⑥ 獅子鼻岬(ししばな) マグマの爪痕

国道をさらに恵山方面に進みます。獅子鼻覆道の手前右側にある白糸の滝の前に駐車スペースがあります。標高50mを超える海食崖には、木直層(きなおし)とよばれる火砕岩*の地層が現れています。

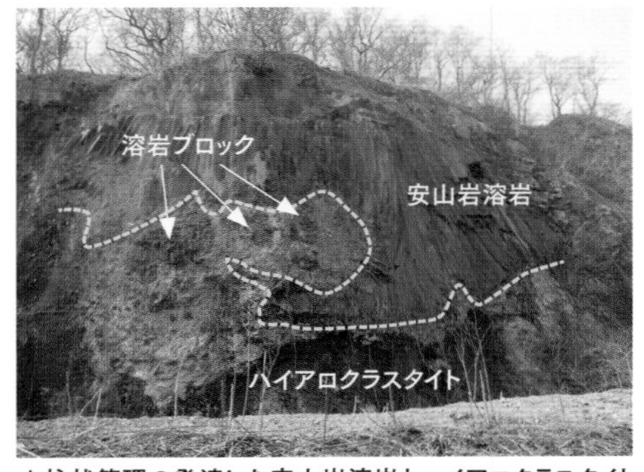

▲柱状節理の発達した安山岩溶岩とハイアロクラスタイト

白糸の滝のまわりの地層は、全体が安山岩の角れきがたくさん交じったハイアロクラスタイト*ですが、角れきのほかに大小の溶岩ブロックが数多く見られます。崖の右側を見ていくと、巨大な柱状節理*の発達した溶岩が現れます。溶岩の右側は柱状節理が放射状に広がり、複雑な冷え方をしたことがうかがえます。溶岩の左側は細くのびて、ハイアロクラスタイトに入り込んでいます。これはまさに海底近くに噴出したマグマから溶岩のかたまりが切り離され、ハイアロクラスタイトに入り交じるというはげしい火山活動の一場面を示しているのです。

# 第3章

# 松前半島

知内・福島
白神岬・松前
折戸海岸
江差

1億5000万年前　1億年前　2000万年前　1000万年前　現在
先白亜紀｜白亜紀｜新第三紀｜第四紀

# 知内・福島　第四紀の海底火山活動

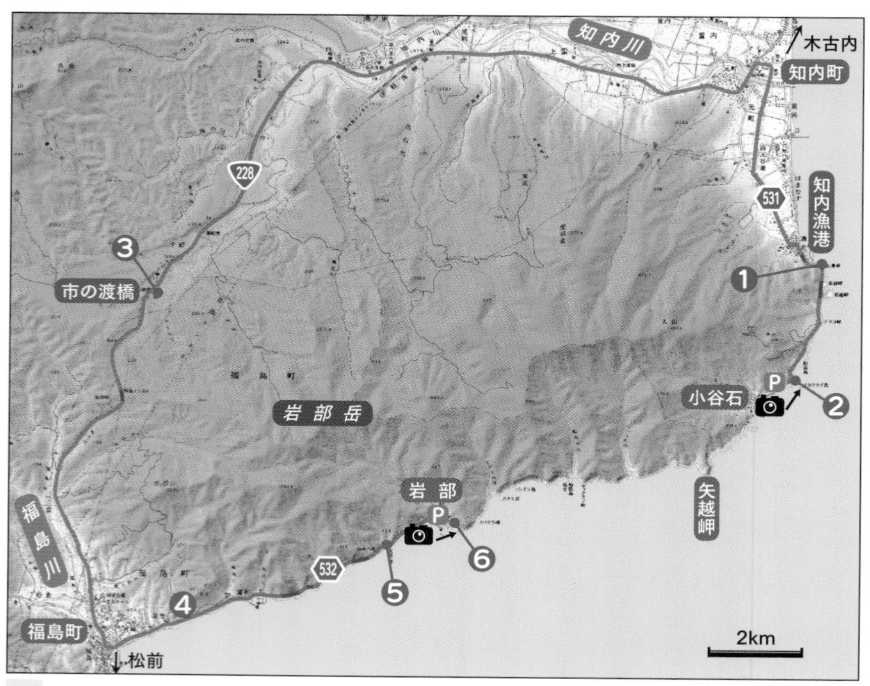


**ルート** 道道531号 → 知内漁港－（3分）→ ❶蛇の鼻岬
└→ Ⓟ❷イカリカイ駐車公園
└→ 国道228号 → 市の渡橋の南西－（7分）→ ❸知内川河床
→ ❹塩釜 → ❺女郎ヶ岬・ミサゴ滝 → Ⓟ❻岩部漁港

**みどころ** 知内町と福島町の間は、標高700m前後の山地になっています。この山地の大部分は、第四紀*更新世*の約200万年前に活動した知内火山が噴出した溶岩*や火砕岩*(知内火山岩類)でできています。山地の南部は海岸にせまって険しい断崖をつくっており、そこでは知内火山の活動のようすが観察できます。また山地を取り巻くように分布する知内火山の土台の地層には化石がふくまれており、当時の海底のようすをうかがうことができます。

## ❶ 蛇ノ鼻岬　柱状節理*のある岩体*

▲柱状節理の発達した安山岩の岩体

知内町市街から道道531号を南下して知内漁港へ向かいます。いさりびトンネルを抜けると、左に漁港へ下りる道があるので、漁港内で車を止める場所を探してください。道道にもどり、右カーブのところまで行くと蛇ノ鼻岬です。

道のカーブの内側は高さ20mほどの崖で、全体に金網がかけられています。よくみると、崖の岩石は柱状節理が発達した溶岩であることがわかります。右の露頭*では柱状節理が立っていますが、左の露頭ではほぼ水平で、岩体の冷え方が複雑だったと考えられます。

干潮のときに海側の階段を下りると、消波ブロックと護岸の間に岩体の続きが露出しています。岩石は変質した安山岩*で、黄鉄鉱*の微粒が入っている部分もあります。また、この岩体が貫入した火山角れき岩*の地層も見られます。知内町の南西部の山地は、海底に噴出した溶岩や火砕岩からなり、津軽海峡に突き出た大きな山体をつくっています。この火山は知内火山とよばれており、約200万年前のこの地域が海底火山活動の舞台だったことを示しています。

## ❷ イカリカイ駐車公園　地層に貫入したマグマ*

道道531号の終点、小谷石の集落の手前にイカリカイ駐車公園があります。きれいに整備された公園で、干潮のときは海岸の岩礁を歩いて観察できます。

ここでは知内火山の溶岩が切り立った岩礁になっており、松前矢越道立自然公園の中でも見ごたえのある景観をつくっています。ハンマーを使うことはできませんが、岩礁の岩石の大部分は、緑色に変質した安山岩です。小谷石の周辺の地質は著しく変質が進ん

▲変質した安山岩でできている岩礁

だ地帯になっているのです。

▲安山岩と凝灰角れき岩の接触部（スケールは1m）

岩礁の上を歩くと、安山岩が角れき状になっているところが見つかります。よく見ると、その周辺の安山岩には凝灰岩(ぎょうかいがん)*などのれきがたくさん取り込まれており、また岩体のまわりの凝灰角れき岩*の中には岩体と同じ安山岩のれきが交じっています。安山岩の岩体と凝灰角れき岩の境目ははっきりせず、両方のれきがばらばらになった状態で接しています。これは凝灰角れき岩の地層に安山岩質のマグマが貫入して接触部が角れき状になるという、はげしい海底火山活動の場面を示しているのです。

## ❸ 知内川河床　化石をふくむ砂岩層

知内市街までもどって国道228号に入り、知内川沿いを上流に向かって進みます。千軒にある市(いち)の渡(わたり)橋を渡って270mのT字交差点に無線アンテナの鉄塔があります。その下に車を止めて橋の方へ少しもどると、右側に河原まで下りる細い道があります。道なりに5分ほど歩くと市の渡橋の下の河原に出ることができます。

河原までの道は、夏は草がおおいかぶさるほどのびています。河原では長靴で行動できますが、流れが速いところへは近づかないでください。川が増水しているときは観察の機会を改めましょう。

▲知内川の岸に現れている厚沢部層の砂岩層

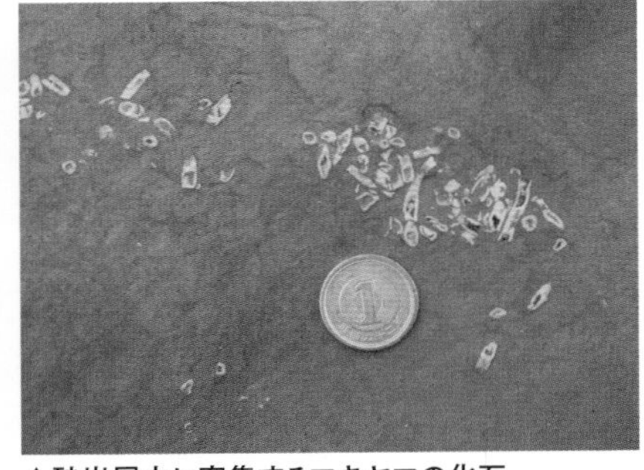
▲砂岩層中に密集するマキヤマの化石

川岸や河床には細粒の砂岩*層が現れており、ゆるく下流に傾斜しています。この地層は厚沢部(あっさぶ)層とよばれる、中新世(ちゅうしんせい)*後期から鮮新世(せんしんせい)*前期（700万〜500万年前ころ）の地層です（☞p.74写真左下）。砂岩の表面には、白い管の破片のようなものがたくさん見られます。これはマキヤマ*という海綿(かいめん)類の一種の化石です（☞p.74写真右下）。河床には殻が閉じた状態の二枚貝や巣穴の化石も見つかります。この地層は波や海流の影響が少ない海底に堆積したようです。

## ❹ 塩釜　知内火山の土台の地層

福島町市街で道道532号に入り東へ進みます。塩釜の集落を過ぎると、左手に白い崖がいくつか見えます。手前が私有地なので近づけませんが、東に傾斜している地層は厚沢部層に重なる館(たて)層で、ケイソウ*化石を多くふくむ泥岩*層です。厚沢部層と館層は、それらをつらぬいて第四紀に噴出した知内火山の土台になっています。

▲塩釜の崖に見られる館層の泥岩層

## ❺ 女郎ヶ岬(じょろうがみさき)・ミサゴ滝　知内火山をつらぬく岩脈(がんみゃく)*

道道532号をさらに東へ進むと、正面に女郎ヶ岬が見えてきます。左手のミサゴ滝の前に駐車スペースがあります。

女郎ヶ岬は遠くからでも柱状節理が発達していることがわかります。この岩体は知内火山の火砕物(かさいぶつ)*をつらぬいている小規模の岩脈で、柱状節理の向きはほ

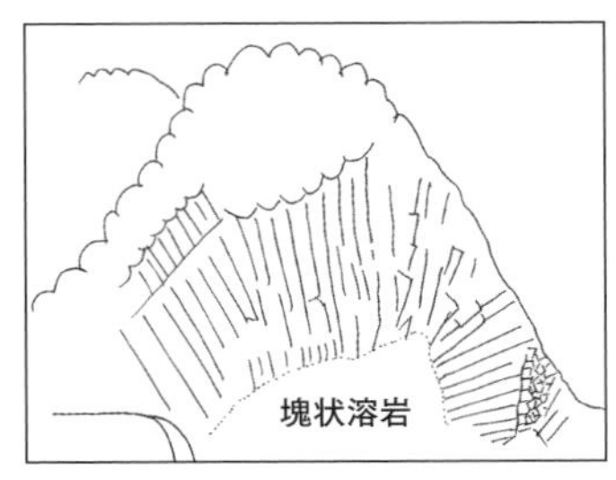


◀柱状節理の発達した女郎ヶ岬の岩脈と柱状節理の方向のスケッチ（上）

ぼ垂直ですが、岬の先端部分は横に寝ています。注意して見ると、岩脈の下部には上に突き出た塊状の部分があり、柱状節理はそこから放射状に広がっているように見えます。上に突き出た形の女郎ヶ岬には、地層に貫入したときの岩脈の先端部の形が反映されているのでしょう。

岬の岩脈は崖づたいに北側のミサゴ滝まで続いています。ミサゴ滝は落差約15mで、柱状節理の上を流れ落ちています。崖の下の転石(てんせき)*を手に取ると、岩脈の岩石は白色の斜長石(しゃちょうせき)*の結晶が多い暗灰色の安山岩であることがわかります。

▲柱状節理の上を流れ落ちるミサゴ滝

## ❻ 岩部漁港　厚く重なる知内火山の火砕物

道道532号の終点の岩部の集落の手前に岩部漁港があります。漁港に下りて奥に見える露頭を観察しましょう。

露頭には知内火山が噴出した溶岩や火山灰*が厚く堆積しているようすが見られます。白っぽく見える部分は火山灰が多い凝灰角れき岩で、安山岩の大きなブロックをふくんでいます。まわりの黒〜茶色の地層は火山角れき岩です。

地層の重なり方に注意しましょう。露頭の下部は右下がりに傾斜する地層ですが、それらを削り込むようにして上の地層が重なっています。知内火山の斜面では、海底土石流(どせきりゅう)*のように火砕物が移動し堆積したようすがうかがえます。

▲知内火山の火砕物が厚く堆積している岩部漁港の露頭

## ここもおすすめ！

### 湯ノ岱　河川敷に湧く温泉

**場 所** 檜山郡上ノ国町湯ノ岱

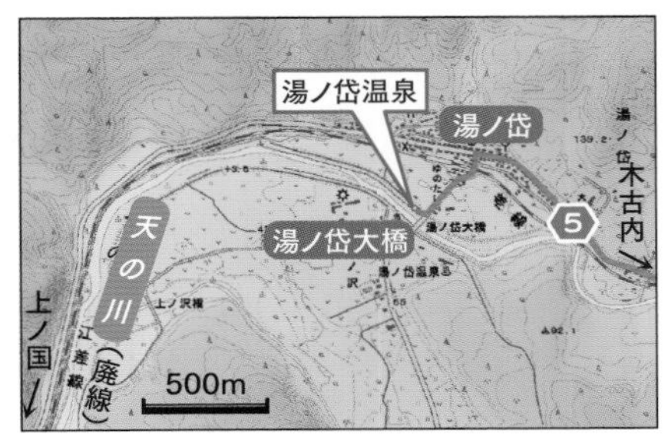


津軽海峡に面する木古内(きこない)町と日本海側の上ノ国(かみのくに)町をつなぐ道道5号の中間あたりに湯ノ岱(ゆのたい)があります。「湯ノ岱温泉」の標識のあるところで左折し、天の川にかかる湯ノ岱大橋の手前で右の堤防上を45m進みます。すると、左手の河川敷に茶色の池のようなものが見えます。これが河川敷から湧いている湯ノ岱温泉です。

池に近づいてみると、直径約2mと5mの二つの池がつながっており、小さい池の底からガスとともに温泉*が湧き出ています。あふれた温泉は大きい池へ流れ、天の川に流出しています。河川敷の草原の中に温泉があるというのは、なんとも奇妙な感じがします。水温は30℃くらいしかありませんが、25℃以上あれば温泉です。泉質はナトリウム・カルシウム−塩化物・炭酸水素塩泉でｐＨ(ピーエイチ)*7の中性です。池の底が茶色くなっているのは、温泉水にふくまれている鉄分が酸化して石などに泥状についているのでしょう。この池に入浴する人もいるようですが、しっかり温まりたいときには、橋を渡って左にある国民温泉保養センターへ行くとよいでしょう。

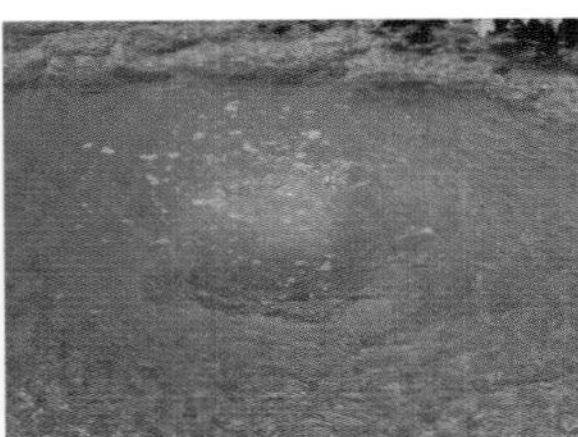

▲池底から湧き出る温泉とガス

◀河川敷の草原の中にある温泉

| 1億5000万年前 | 1億年前 | | 2000万年前 | 1000万年前 | 現在 |
|---|---|---|---|---|---|
| 先白亜紀 | 白亜紀 | | 新第三紀 | | 第四紀 |

# 白神岬・松前　道南の古い地質体

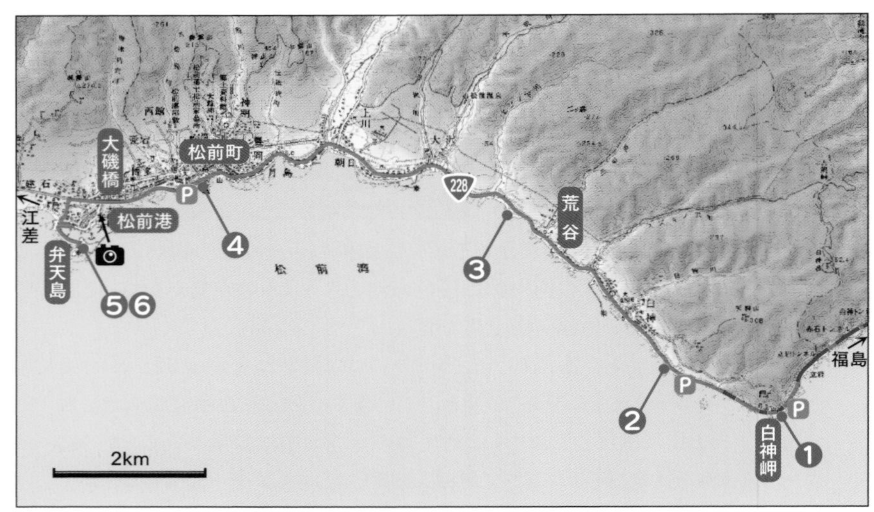


**ルート** 国道228号 → P ❶白神岬 → P 白神岬展望広場 ─(4分)→ ❷地点 → ❸荒谷 → P ❹福山波止場跡 → ❺弁天島 → ❻松前港

**みどころ** 北海道の最南端の白神岬(しらかみ)周辺は松前矢越道立自然公園にふくまれる地域で、変化に富んだ海岸線が続きます。ここにはこれまで松前層群とよばれていた北海道でもっとも古い地質体の一部が分布します。この地質体は付加体(ふかたい)*とよばれるもので、1億5000万年以上前の中生代*ジュラ紀*に、海溝(かいこう)に沈み込む海洋プレート*上の堆積物が大陸の縁にへばりついたものと考えられています。当時、まだ日本海はなく、日本列島は大陸の東縁で付加体がつくられている位置にあったとされているのです。付加体にはたいへん複雑な堆積構造が見られます。海岸でじっくり観察して、これがどのようにしてできたのか考えてみましょう。

松前周辺の海岸には約2000万年前の新第三紀*中新世*の地層が分布しており、付加体を不整合*におおっています。両者には約1億3000万年もの時間の開きがあり、長い間この地域は陸地だったということを示しています。時代の大きな違いが地層のようすにどのように表れているのか観察しましょう。

## ❶ 白神岬　ジュラ紀の付加体

国道228号を進み、福島町から白神岬方面へ向かいます。白神岬覆道の海側がパーキングエリアになっており、そのいちばん奥まで行きましょう。覆道の横についている階段を下りると海岸の岩礁です。

**海岸の岩礁を観察するときは、風が強いときや、満潮で波が高いときは危険なのでさけてください。道立自然公園内での岩石の採取は禁止されています。**

岩礁をつくっているのはチャート*、凝灰質*砂岩*、泥岩*、粘板岩*、緑色岩*などで構成される付加体で、これらが複雑に入り交じっています。岩石の変わり目をたどっていくと、断層*で接していたり、砂岩がまわりの地層の破片を取り込みながら他の地層に入り込むなど、とても複雑な堆積構造をしています。このように付加体中に見られる様々な岩石が複雑に交じっているものをメランジュ*といいます。

▲付加体が現れている白神岬の岩礁

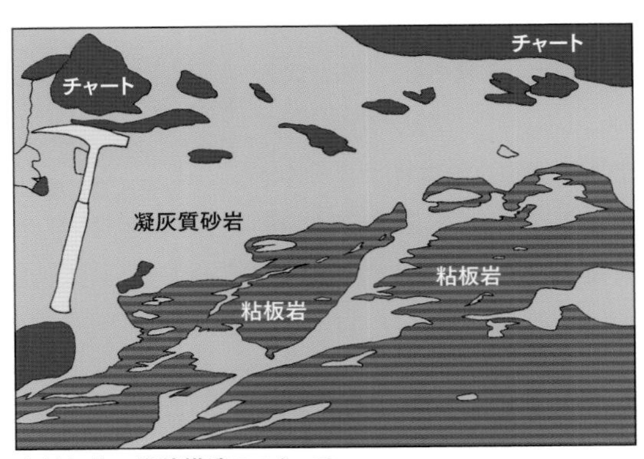


▲付加体の堆積構造のスケッチ
写真上の白枠部分、ハンマーの長さは33cm

付加体は海洋プレートが大陸プレートの下に沈み込む海溝付近でつくられたものです。大陸の縁にへばりついた地層は、地殻*内でとても大きな力を受けて、もとの地層の重なりが崩され大きく変形したのです（☞p.84豆知識「付加体」）。地中深くでできた付加体を地表で観察できるのは、その後の地殻変動で大地が隆起*したからにほかなりません。

## ❷ 地点　付加体のでき方を示す岩

国道をさらに1.4km進むと右手に白神岬展望広場があります。ここに車を置き、北西の道路わきに見えるずんぐりした岩まで国道を歩いていきます。歩道がないので気をつけてください。岩の正面に海岸へ下りる階段があります。

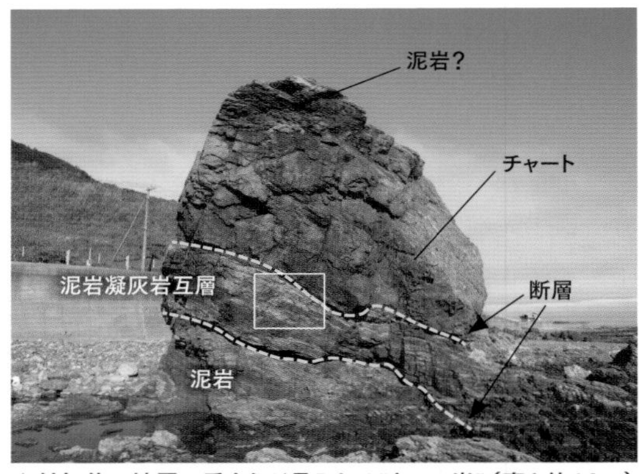

▲付加体の地層の重なりが見られる“きのこ岩”（高さ約10m）

▲泥岩凝灰岩互層に見られる流動変形
写真上の白枠部分、黒っぽい部分が泥岩

岩は高さ10mくらいで、付加体の一部です。北西側から見ると岩石の重なりがよくわかります。岩は大きく三つの部分に分かれており、下から泥岩、泥岩と凝灰岩*の互層(ごそう)*、チャートがそれぞれ断層で接しています。チャートの下底の断層面とされているところをよく見ると、面はでこぼこしており、地層が破断されているようには見えません。しかし下の泥岩凝灰岩互層の層理面はチャート層に切られています。泥岩凝灰岩互層には地層が固まる前にできた流動変形が見られ、さらに細かな断層が発達し断層帯のようになっています。くわしい研究によれば、この岩はプレートの沈み込みで付加体がつくられるときにチャート岩体*が泥岩凝灰岩互層に押し込まれ、さらに加えられた圧力で特定の面に断層が集中したことを示しているのではないかと考えられています。

## ❸ 荒谷　訓縫(くんぬい)層の堆積構造

ふたたび国道を松前方向に進みます。白神漁港から1.6km進んだところの海側にせまい駐車スペースがあります。そこから海岸に下りてください。

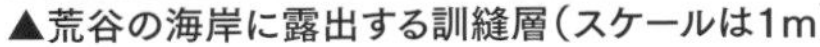

▲荒谷の海岸に露出する訓縫層（スケールは1m）

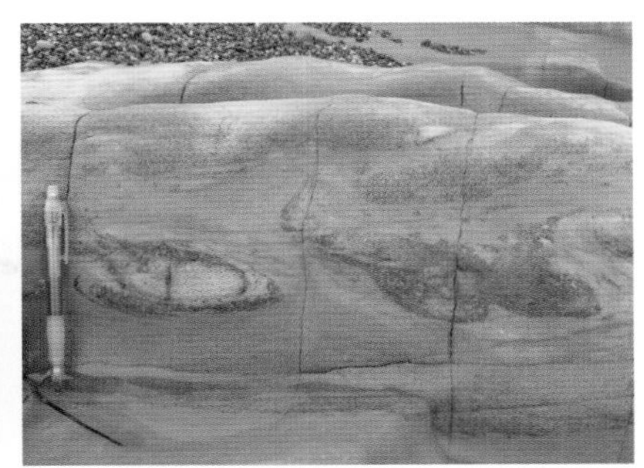

▲凝灰岩層に見られる荷重痕

海岸の砂浜の先には、まっすぐに海に向かってのびる地層が現れています。この地層は、中新世中期（約1600万～1200万年前）に堆積した訓縫層とされています。地層は小さなれき交じりの砂岩が何層も重なっており、全体的に緑色に変質しています。間に白色の凝灰岩層もはさんでいます。地層の走向*はほぼ南北で、約45°で東に傾斜しています。①地点や②地点で観察した付加体とは違い、全体が傾いていても地層に大きな変形は見られず、海底に堆積した地層のようすがそのまま現れています。

凝灰岩層を注意して見ると、つぶれたボールのような模様が横に連続しています（写真右上）。これは荷重痕*というもので、泥のように軟らかい白い火山灰*が堆積した後に、粒のあらい火山灰が続けて堆積したために、あらい火山灰が重さで下にゆっくり沈み込んでできた堆積構造です。下の泥がすき上げられて、上のあらい火山灰の中に入り込んでいる部分もあるので探してみましょう。

### ❹ 福山波止場跡　福山層の岩礁　解説板

松前町市街に入り松城橋を渡ると、右手に瓦屋根の道の駅北前船松前の建物があります。道の駅の駐車場から福山波止場跡まで行くことができます。

松前は江戸時代から北前船が発着するところでしたが、水深が浅いために大型船は沖合に停泊するしかなく、波止場の建設が必要とされていました。1875（明治8）年に小松前川をはさんで2本の波止場が完成したことで、大型船も直接入港できるようになり、松前の貿易は飛躍的にのびたようです。

波止場の上を歩くと、両側は石積みの壁になっていることに気づきます。これは廃城になった松前城の石垣の石材を再利用したものです。また、波止場の両側に並べられている石柱は瀬戸内海から運んできた花こう岩*で、波止場を波から守る波消しとして立てられていたものです。完成当時の西側の波止場の長さは150m以上ありましたが、現在残されているのはその半分ほどです。

▲福山層の凝灰角れき岩の岩礁に造られた福山波止場
石柱は波消しに用いられた瀬戸内海産の花こう岩

先端の岩礁まで行くと、波止場の土台となっている地層を観察できます。岩礁はがさがさした雑なつくりのコンクリートのように見えますが、黒色の泥岩や白い軽石*のれきが交じった凝灰角れき岩*という岩石です。この岩石は約2000万年前の中新世前期に堆積した福山層の一部で、③地点の訓縫層より古く、①、②地点で観察した付加体を不整合におおっています（☞p.65豆知識「道南の地層の対比」）。陸化して長い間浸食を受けていた付加体が、ふたたび海に沈んで福山層が堆積を始めたころから、渡島半島は海底火山の活動が活発な地域へ変わっていったことがうかがえます。

## ❺ 弁天島　福山層の安山岩*でできた島

国道228号を西へ進み、大磯橋を渡って350mのところで左折します。道なりに進んで松前港に出たら、防波堤に沿って大きく左回りして、灯台のある弁天島まで行きます。弁天島の南側で島をつくる岩体を観察できます。

▲弁天島をつくる安山岩の岩体（上の白い建物は松前灯台）

弁天島は見た目にも硬そうな岩体でできています。岩石の表面はこげ茶色をしていますが、中は黒灰色の安山岩です。全体的に変質が進んでおり、細かな結晶がきらきら光っています。この安山岩の岩体も福山層の一部とされており、まわりの地質よりも浸食されにくいために島となったのでしょう。島の頂上にある松前灯台は、海からもよく見える、丈夫な地質の上に建てられているといえます。

防波堤を越えて海岸へ出てみましょう。弁天島をつくる安山岩の岩体は海にも続いており、海岸では広い岩礁となっています。安山岩の一部には角れき化しているところもあり、福山層の複雑な層相*を示しています。

### ❻ 松前港　発達した海成段丘*

松前港の防波堤のつけ根まで行きましょう。そこから陸側をながめると、海成段丘がはっきり見えます。松前半島の松前から北西海岸の札前あたりまでは、4段の海成段丘がよく連続しており、きれいな海成段丘の地形は日本でも有数といわれています（☞p.88)。海成段丘面*は上位から$T_1$面〜$T_4$面、完新世*にできたL面に分けられ、松前港からは$T_2$面と$T_3$面の広い平坦面がよくわかります。$T_3$面の下には$T_4$面、L面がありますが、住宅が建ち並び見分けが難しくなっています。

松前町市街地の広がりを見ると、大部分は$T_3$面から下の海岸沿いに続くせまい段丘面上にあることがわかります。$T_2$面の奥に見えるなだらかな山地は、浸食が進んだ古い海成段丘で、$T_2$面につながる急斜面は、約13万〜12万年前の最終間氷期*には海食崖*だったところです。この海食崖と$T_2$面の間に最終間氷期にできたとされる$T_1$面があるのですが、遠くからでは見分けられません。このように海成段丘が発達していることは、松前半島が隆起を続けてきたことを物語っています。

▲松前港の防波堤から見た海成段丘

豆知識

## ●付加体　日本海ができる前の古い地質体

付加体*は道南ばかりでなく日本列島の大部分の基盤になっています。これには日本列島の形成過程が深くかかわっています。付加体は下図のように海洋プレートが大陸プレートの下に沈み込む海溝付近でつくられます。海洋地殻*の上にのっていた遠洋性堆積物*や海山は地下深くに沈むことができず海溝ではぎ取られます。それとともに海溝には大陸から流れ込んだタービダイト*などが堆積しており、これらの堆積物も入り交じって大陸の縁に底づけされるのです。1年に数cmしか動かないプレート*ですが、1000万年もたてば数百kmも移動することになります。その間に海溝からは膨大な量の堆積物が付加され、それらはたいへんな圧力で押し縮められることになるのです。

付加体に見られる岩石のもとをたどると、砂岩*や泥岩*・粘板岩*は、タービダイトの砂や泥です。チャート*はプレートが移動してくる間に海底に堆積した放散虫などの遺骸からなる遠洋性堆積物です。石灰岩*は、はるか南の海洋で海山の上に成長したサンゴ礁であり、緑色岩*は海山をつくっていた溶岩や凝灰岩*が変質したものです。これらの岩石は、大陸の縁に付加する過程で大きく破断・変形し、とても複雑な地質体をつくります。さらに付加体の中では様々な岩石の破片が交じったメランジュ*も形成されます。

中生代*ジュラ紀*にユーラシア大陸の東縁にできた付加体は大陸の一部でした。古第三紀(こだいさんき)*漸新世(ぜんしんせい)*の2800万年前には大陸の縁が割れて、付加体ごと大陸からはなれるように移動を始めたようです。移動は中新世*の1500万年前ころまで続き、大陸との間には日本海ができました。こうして移動してきた付加体などによって日本列島の骨組みがつくられたと考えられています。

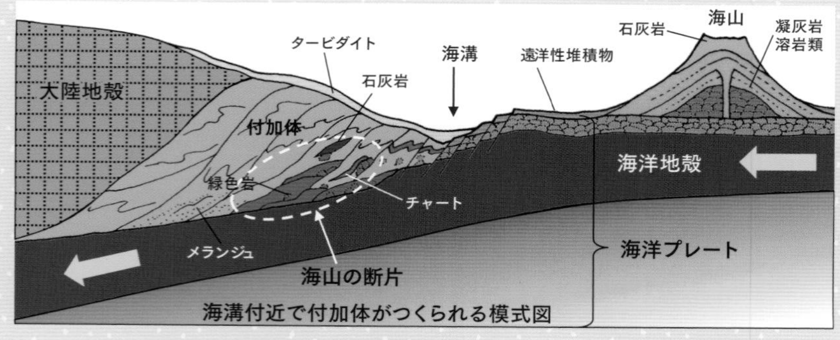

海溝付近で付加体がつくられる模式図

# 折戸海岸 海岸に続く付加体と段丘

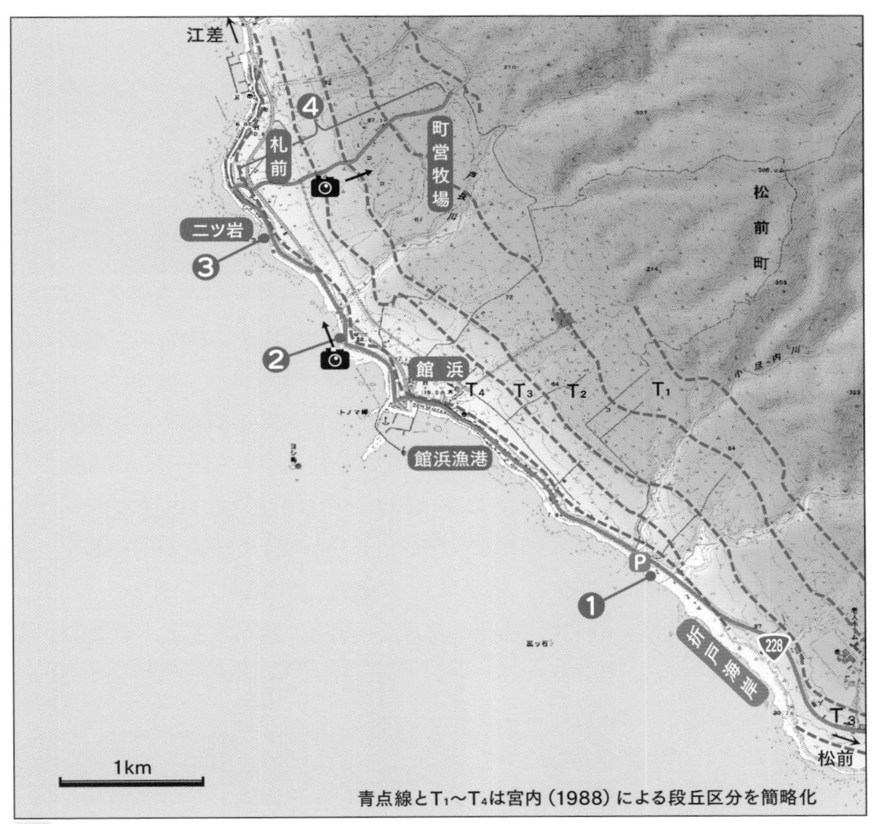


ルート 国道228号→Ⓟ折戸浜駐車場―（3分）→①折戸海岸→②館浜海岸→③ニツ岩→④札前

みどころ 松前町市街の北西に続く折戸（おりと）海岸では、白神岬でも見られた付加体（☞p.78「白神岬・松前」コース）が岩礁となって連続します。ここでは海溝に流れ込んだ厚い地層や、地層に高い圧力がかかってメランジュ*とよばれる状態になった地質をじっくり観察することができます。また、大地の隆起*によってできた階段状に発達する海成段丘*を見ることができます。

## ❶ 折戸海岸　海溝に堆積した砂岩*泥岩*の互層*

松前港から国道228号を江差方面へ約2.6km進むと、左手にパーキングエリアがあります。ここからレストハウス跡の横を通って浜から突き出ている岩場まで行きましょう。

▲多くの断層で切られている砂岩泥岩互層（スケールは1m）

岩場は折戸海岸の一帯に岩礁となって広がっており、白神岬周辺でも見られた付加体が分布しています。岩場の岩石をじっくりと観察しましょう。岩の大部分は黒色の泥岩と灰色の砂岩の互層からなり、きれいな縞模様をつくりながら地層は急な角度で傾斜しています。これらの地層は、1億5000万年以上前の中生代*ジュラ紀*に、大陸の縁にあった海溝に流れ込んだ砂や泥が堆積したものと考えられています。海洋プレート*が海溝で大陸の下に沈み込むにつれて、これらの堆積物も地中に引き込まれて大陸にへばりつき、付加体*とよばれる地質体になったのです（☞p.84豆知識「付加体」）。付加体には大きな力が加わるので、地層は多くの断層*で切られています。

岩礁の一部には厚い砂岩層も見られます。くわしく観察すると、地層の下部から上部に向かって粒径が小さくなる級化構造*があり、地層の上部には流動したラミナ*の堆積構造、中央部にははぎ取られた泥岩の破片が交じって並んでいます。このような層相*は、海底斜面を泥や砂が交じった混濁流（こんだくりゅう）*が流れ下ってできるタービダイト*という地層に特徴的に見られます。海溝に大陸から多くの砂や泥が流れ込んでいたことは、このように地層を細かく観察することによってわかってくるのです。

▲厚い砂岩のタービダイト層（スケールは1m）

▲館浜海岸の岩礁に現れている黒っぽい付加体

## ❷ 館浜（たてはま）海岸　付加体のメランジュ

折戸浜駐車場から約2.1km国道を進み左折します。館浜漁港へは行かず、二股の道の右側を進み突き当たりでさらに右折すると、段丘崖（だんきゅうがい）*のすぐ下を通る細い一本道になります。約600m進むと道は右へカーブしますが、車はその手前の右側の空き地に止めてください。この先に車を止める場所はありません。ここから道がカーブしているところまで行き、北側の海岸の岩礁に下ります。

館浜海岸の岩礁にも①地点から続く付加体が現れていますが、道路から見ると、全体的に黒っぽいことに気がつきます。近づいてみると、黒っぽく見えたのは大部分が泥岩層であることがわかります。泥岩は、付加体となるときの強い圧力を受けてうすくはがれやすくなっています。小さなチャート*、砂岩、泥岩などのれきがたくさん入り交じり、雑多な感じになっている部分もいたるところにあります。これはメランジュとよばれるもので、付加体に見られる特徴のひとつです。

メランジュ中のれきは、プレートの沈み込みにともなって破砕された岩石です。館浜で見られるメランジュには、レンズ状に変形したれきが一定の方向に並ぶ構造も見られ、メランジュが強い圧力を受けながら流動変形したことをうかがわせます。

▲泥岩の基質の中に様々なれきが交じるメランジュ

## ❸ 二ツ岩　そそり立つ地層の岩

ふたたび国道に出て北西に進み、「札前市街」を示す標識のところで左の海岸沿いの道に入ります。しばらく行くとしめ縄のかけられた二ツ岩が見えてきます。岩を過ぎたところに船揚場があるので、横の空き地に車を止めて海岸の二ツ岩まで行きましょう。

▲そそり立つ地層でできている二ツ岩

この地点の付加体には、泥岩が強い圧力を受けてできた粘板岩*が多く見られます。二ツ岩の右側の岩はうすくはがれるような片理(へんり)*が発達した黒色の粘板岩で、左側の岩はラミナの多い砂岩や泥岩でできています。二つの岩が重なるように横からながめると、急な角度で立ち上がった地層が岩になっていることがわかります。ここの海岸の岩礁にもメランジュが見つかります。

## ❹ 札前　広がる海成段丘

③地点からさらに450m進んだところで右折して段丘崖を上り、途中のY字路の右側を進んで国道に出ます。国道を横切って山に向かってのびる一本道に入ります。ここは松前半島でもっともきれいに海成段丘が連続しており、この一本道を進むと段丘地形を体感することができます。

▲$T_3$面から見た$T_2$面の段丘崖

まず国道が通っている平坦面は$T_4$面とよばれており、面の幅は約400mあります。さらに先へ進むと段丘崖を上りつぎの$T_3$面になります。$T_3$面は幅がややせまく、その先の比高約20mの段丘崖を上ると$T_2$面です。$T_2$面はこの道沿いではいちばん広く、町営牧場に利用されています。くわしい研究ではさらに山側に$T_1$面が区分されていますが、浸食が進み段丘崖はわかりにくくなっています。$T_1$面は、この上に堆積している火山灰*から、約13万〜12万年前の最終間氷期*にできたと考えられています。札前付近の$T_1$面の高度は松前半島の同じ面の中でもっとも標高が高く、大地の隆起量が大きいことを示しています。

## ここもおすすめ！

### 大澗ノ岬、洲根子岬
#### 神が通る岩

**場　所** 檜山郡上ノ国町原歌、大崎

上ノ国町市街地から国道228号を南西に進み、天の川を渡ってしばらくすると右手に道の駅上ノ国もんじゅがあります。道の駅の海側が大澗ノ岬で、すばらしい景色が広がっています。

上ノ国町市街の西は日本海に突き出た岩礁地帯です。この岩礁は新第三紀*中新世*前期(2300万〜2000万年前ころ)の福山層の溶岩*や火砕岩*からなり、遊歩道からじっくり観察することができます。石段を下りて海岸の岩礁まで行ってみましょう。

岩礁は大部分が板状節理*の発達した緑灰色の塊状安山岩*ですが、一部に角れき状になっているところがあります。下部が浸食されて橋のようになっている岩は「神の道」とよばれており、海中から続く階段のように見えることから海の神の通り道と伝えられています。

▲福山層の溶岩でできている「神の道」

国道をさらに西に進んで大崎の集落を過ぎたところで右のわき道に入り洲根子岬近くの神社まで行くと、神社の北側に高さ5mの白いキャップのついた柱があります。電子基準点*といい、測地衛星の電波を受けて地表の変動を連続的に観測している大切な施設です。全国約1300ヶ所に設置されており、同じものが乙部町元和台海浜公園の駐車場（☞p.103）や松前町札前の町営牧場（☞p.88）にもあります。

▲電子基準点

# 江差　鴎島に見る海底火山活動

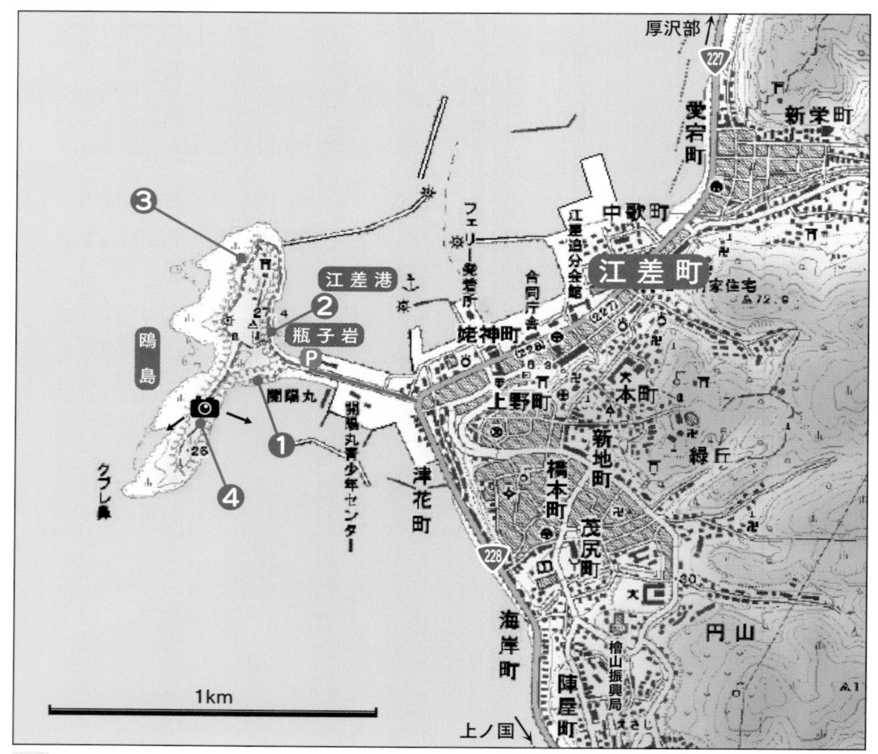


**ルート**　Ⓟ駐車場－(3分)→❶地点－(6分)→❷「瓶子岩」－(10分)→❸千畳敷－(11分)→❹「弁慶の足跡」

**みどころ**　江差町市街地の沖合に防波堤のように浮かぶ鴎島(かもめじま)には、江戸時代から陸地とつなぐ波止場の建設が計画され、以後、江差港は天然の良港として町の発展を支えてきました。現在の鴎島は檜山(ひやま)道立自然公園の一地区として、散策路やキャンプ場が整備され人々の憩いの場となっています。

鴎島は島全体が鮮新世*の館層でできており、散策路を回りながら海底火山の噴出物が堆積してできた地層をじっくり観察することができます。江差町市街が海成段丘*の上にあることも確かめましょう。

▲①地点の鴎島をつくる軽石凝灰岩と凝灰角れき岩の地層

## ❶ 地点　鴎島をつくる地層

波止場の広い駐車場の奥に車を止め、そこから鴎島の崖まで続く堤防に沿って歩きます。いちばん奥にある階段で堤防を越えて、さらに先の短いトンネルを抜けると小さな入り江に出ます。

入り江の崖には、鴎島をつくる2層の厚い地層が現れています。どちらも館層で、海底火山の噴出物が堆積してできたものです。下の白い地層は大小の軽石*がぎっしりとつまった堆積物で、軽石凝灰岩*といいます。軽石を手に取って見ると、ガラス質で黒雲母(くろうんも)*の結晶がたくさん入っていることがわかります。このように厚く粒の大きさがそろっていない軽石層は、水中噴火で発生した火砕流(かさいりゅう)*による堆積物と考えられます。

軽石凝灰岩の上には、これを削り込むようにして凝灰角れき岩*が厚く堆積しています。崖に近づいて観察すると、気孔が多い安山岩*、軽石、凝灰岩などの様々なれきが黄灰色の火山灰*に埋められています。このようにれきの種類が多いのは、大量の火山灰が再移動しながらまわりの岩石を取り込んだからです。

海の方を見ると、左には復元された開陽丸が、右奥には軽石凝灰岩が浸食されてできた白い“馬岩”が見えます。

▲様々なれきをふくむ凝灰角れき岩

## ❷「瓶子岩(へいしいわ)」　凝灰岩でできた岩

▲「かもめの散歩道」から見た瓶子岩

来た道を引き返し、海岸線を北に向かいます。海岸から6mくらい離れたところに「瓶子岩」があります。瓶子とは酒を入れるための器のことで、岩はそれを逆さにしたような形をしているのです。海面に近い瓶子の首の部分は波に浸食されて細くなっています。また岩が深くえぐられている部分は、タフォニ*という浸食形態のひとつで、地層の表面に付着した塩類が結晶化するときに、地層の粒が表面からはがれ、穴がしだいに大きくなったものです。

岩全体は小さな軽石と火山灰が堆積した凝灰岩の地層でできています。地層には、軽石の粒が上に向かって細かくなる級化構造*が見られます。

「瓶子岩」はいずれ崩れてしまうのでしょうか。北前船が来ていたころの明治時代の写真と比べると、岩の形はほとんど変わっていません。港の中にあるので波による浸食の心配はなさそうですが、地震が発生したときは岩に影響があるかもしれません。

## ❸千畳敷(せんじょうじき)　広大な波食棚(はしょくほう)*と広域割れ目

▲火山れき凝灰岩と地層の割れ目(スケールは1m)

鴎島の北側の防波堤を越えると、やや広い波食棚に出ます。左に見える階段を上って鴎島の平坦面に出て、海側の柵に沿って進むと千畳敷に下りる道があります。

千畳敷はとても広い波食棚です(☞p.93写真上)。これだけの平坦面を波が岩盤を浸食してつくりあげたのですから驚きです。ここに現れている地層の多くは①地点の凝灰角れき岩よりもれきの割合が少なく、大部分が火山灰の基質でできているので火山れき凝灰岩*とよびます(☞p.107豆知識「様々

▲千畳敷の波食棚と直線状にのびる割れ目（矢印）

な火砕岩」)。地層はラミナ*を形成して細かく成層しゆるく東に傾斜しています。

波食棚には、地層面から突き出た何本もの直線状の筋が見られます。(☞p.92写真下)。これは地層にできた割れ目に細かな火砕物*が入り込んで固まり、まわりより浸食に強いので表面から突き出ていると考えられます。割れ目は細かく枝分かれしている部分もありますが、北西〜南東方向とそれを斜めに横切る北東〜南西方向に何本も平行に通っており、きれいな平行四辺形をつくっています。この割れ目の筋は海食崖の上から見ても確認できます。割れ目は鵜島全体に発達しているので、広域割れ目ともよべるものです。このように割れ目ができる理由を特定するのは難しいことですが、この地域の大地に一定の大きな力が働いていたことは確かでしょう(☞p.132)。

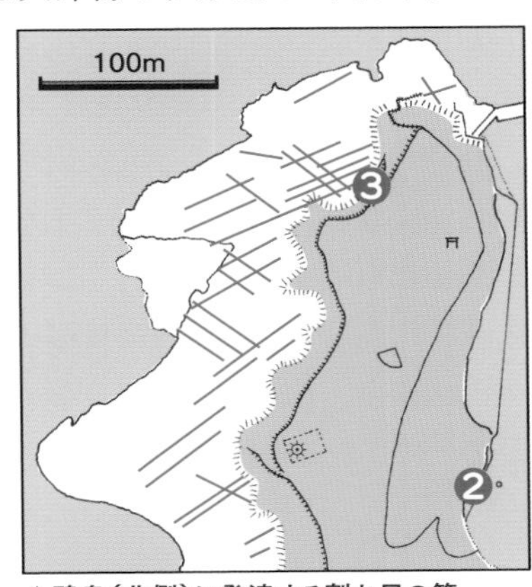


▲鵜島（北側）に発達する割れ目の筋
数字は観察地点の位置

### ❹「弁慶の足跡」　波食棚にできたポットホール*

島の上までもどり、灯台を過ぎて島の南側へ行くと、「弁慶の足跡」とよばれるところがあります。柵の下に見える細い入り江にできた平らな波食棚に、大きな穴が二つ開いています。これを弁慶の足跡にたとえているのです。

この穴はどのようにしてできたのでしょうか。波食棚は波の浸食によって潮間帯にできる地形です。この穴も波の力でできたに違いありません。調べてみると、波食棚にもポットホール（甌穴）がつくられている例がありました。波食甌穴*といい、新潟県佐渡島の平根崎や兵庫県の猫崎半島にあるものは天然記念物に指定されています。岩のくぼみにはまった石が波に絡まって動き、しだいに穴を広げてできたものです。ポットホールは河川の河床で見られるのが一般的なので、海岸で形成されるものはめずらしいのです。

▲「弁慶の足跡」とよばれる波食甌穴（矢印）

「弁慶の足跡」もポットホールと考えられます。穴の中には丸い石がいくつかあるのがわかります。細い入り江の中は波の押し引きによる力が強いので、ポットホールができやすい条件といえます。「弁慶の足跡」より少し北の波食棚にも、ポットホールが密集している部分が見つかります。

江差町側の柵のところから市街地を見てみましょう。すると、市街地の建物がきれいに2段に分かれていることがわかります。道南に発達する海成段丘が江差町周辺にも見られるのです。この地点からは、上から大澗面、陣屋面、北村面とよばれる三つの段丘面*がわかります。このうち陣屋面は、この面に堆積する火山灰から、約13万〜12万年前の最終間氷期*につくられたとされています。鴎島の上に広がる平坦な地形も海成段丘面で、陣屋面にあたります。

▲鴎島から見た江差町市街に広がる海成段丘面

# 第4章

# 日本海沿岸中部・奥尻島

滝瀬海岸
鮪ノ岬周辺海岸
長磯海岸
太田海岸
奥尻島北部
奥尻島南部

1億5000万年前　1億年前　2000万年前　1000万年前　現在

| 先白亜紀 | 白亜紀 | | 新第三紀 | 第四紀 |
|---|---|---|---|---|

# 滝瀬海岸　絶景のシラフラ海岸に見る地層の変化

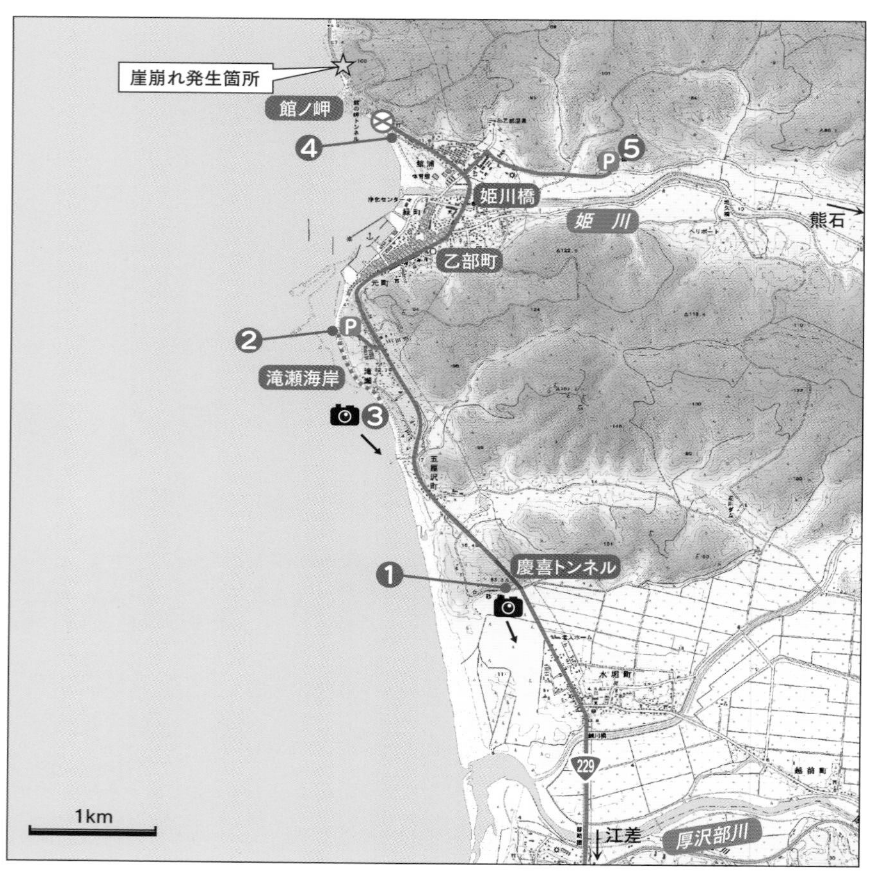


**ルート**　国道229号 → ❶砂坂 → Ⓟ❷くぐり岩 ー(17分)→ ❸シラフラ
→ ❹館の岬トンネル手前 → Ⓟ❺貝子沢化石公園

**みどころ**　厚沢部川と姫川の河口にはさまれた滝瀬海岸には、鮮新世*に堆積した館層が広く分布しています。この地層が浸食されてできた海食崖*は、まるで外国を思わせるような見事な景観をつくりあげ、訪れた人を魅了しています。

地層のでき方を考えたり、層相の連続的な変化を観察するには最適のルートです。

## ❶ 砂坂　館層の白い地層

▲館層の軽石凝灰岩層

江差町市街から北上し、国道229号に入って厚沢部川を渡り約2km進むと、正面の慶喜(けいき)トンネルの両側に白い崖が見えてきます。トンネルの入口手前で左折して、観察しやすそうな露頭(ろとう)*の前まで行きましょう。

露頭には真っ白な地層が何層も厚く堆積しています。この地層は館層とよばれており、道南に広く分布する鮮新世の黒松内(くろまつない)層と同時期のものです（☞p.65豆知識「道南の地層の対比」）。白く見えているのはすべて火山灰*や軽石(かるいし)*のれきで、軽石凝灰岩(ぎょうかいがん)*とよばれます。軽石を割ってみると繊維状によく発泡したガラス質でできており、黒雲母(くろうんも)*や角閃石(かくせんせき)*の結晶をふくんでいます。軽石の角は削れて丸くなっているので、海底を流れて堆積したことがわかります。この軽石凝灰岩層は、ここから北へ館ノ岬(たてのさき)周辺まで分布しており、約400万年前のこの地域の海底で酸性*マグマ*の活発な活動があったことを示しています。

少し坂を上がって南の方角をながめると、砂坂のクロマツの純林を見ることができます。ここは明治初期に樹木を伐採したために砂丘荒廃地になってしまいましたが、飛砂を防止するために昭和初期に植林が行われました。現在は檜山(ひやま)道立自然公園の一地区となり、1987(昭和62)年には「日本の白砂青松100選」にも選ばれ、海岸林のモデルとしての整備事業が現在も進められています。

▲砂坂のクロマツ海岸林

## ❷ くぐり岩　館層のスランプ構造*

▲くぐり岩の地層に見られるスランプ構造

国道の左側に「滝瀬海岸」の看板があるところで左折し、道なりに進むと突き当たりが駐車場です。そこから細い道を海岸まで下りると、右にくぐり岩が見えます。くぐり岩とよばれるのは、昔に人が掘った穴があるからですが、よく見ると穴の右上の層理面*の一部にも小さな穴があり、岩の浸食が進んでいることをうかがわせます。

岩を少し遠くからながめると、岩の中ほどの地層がZ字のように折れ曲がっていることに気がつきます。またそのまわりの地層は崩れたように堆積が乱れています。地層に見られるこのような構造はスランプ構造といい、地層が堆積してから海底地すべりなどが発生してできたものです。折れ曲がった地層は、右側から横すべりしてきて上に突き上げられたようすを示しています。

▲地層からとび出ているコンクリーション

岩に近づいてみましょう。地層は凝灰質*のシルト岩*と砂岩*でできています。地層から突き出ている茶色のれきのようなものは、地層中で炭酸カルシウム*が固まってできたコンクリーション*です。

くぐり岩の地層も館層の一部で、①地点の軽石凝灰岩よりも下の層準*にあたります。

## ❸ シラフラ　海岸に続く白い絶壁

シラフラまでは、海食崖のすぐ下を歩いていきます。風が強く波の高いときや満潮時には、通ると危険なことがあるので、状況をよく判断して行動してください。

くぐり岩から海岸線に沿って南へ歩くと、観光スポットでもあるシラフラへ行くことができます。高さ20〜30mで続く海食崖には、南にゆるく傾斜する館層の砂岩層が連続し、その上には白い軽石凝灰岩層が重なっているのがわかります（☞p.99写真左上）。砂岩層を注意して探すと海底の小動物がつけたと思われる生痕化石*が見つかります（☞p.99写真右上）。

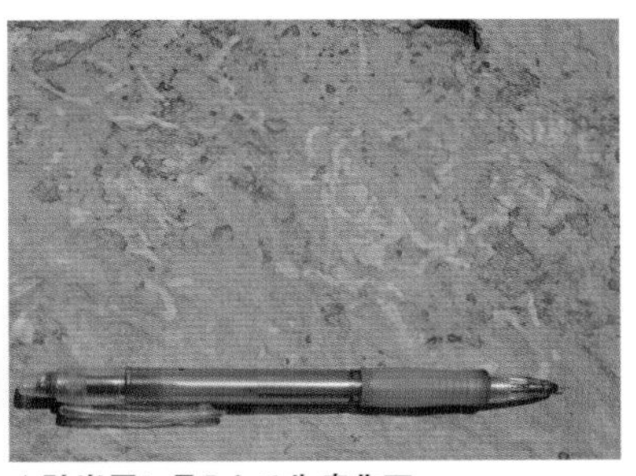

▲砂岩層に見られる生痕化石
◀砂岩層に重なる軽石凝灰岩層

▲軽石凝灰岩層の底からしみ出る水

地層が傾斜しているので、南へ行くと地層の上の方を見ていくことになります。軽石凝灰岩層のいちばん下からは、水がしみ出て砂岩層をぬらしています。これは両層の透水性の違いを示しています。軽石凝灰岩は水がしみ込みやすいので水は地層中を下がっていきますが、砂岩がそれをブロックするので、軽石凝灰岩層の底から水がしみ出てくるのです。水が出ている部分が茶色くなっているのは、水にふくまれる鉄分が酸化してできた褐鉄鉱(かってっこう)が付着しているためです。

軽石凝灰岩層が砂浜まで下がってくると、いよいよシラフラです。シラフラは垂直な白い海食崖の海岸線が600m以上も続いています。まるでイギリスのドーバー海峡の“白亜(はくあ)の崖”のようですが、あちらはチョークという石灰岩*の一種でできた崖なので地質がまったく違います。

軽石凝灰岩を近くで見ると、丸みをおびた大小の軽石がぎっしりとつまっていることがわかります。軽石はガラス質で、黒雲母の結晶がたくさん入っています。この特徴は①地点の軽石凝灰岩と同じです。軽石に交じって、30cm以上の大きさの白いれきも点在します（☞p.100写真中央）。とても硬いれきですが、ふくまれている鉱物はまわりの軽石凝灰岩と同じで、溶結凝灰岩(ようけつぎょうかいがん)*と思われます。くわしい調査では、この軽石凝灰岩層には溶結*している部分があることが知られており、そのれきが堆積しているのかもしれません。水中でも噴火の規模が大きい

▲軽石凝灰岩の垂直な海食崖が続くシラフラ

▲軽石凝灰岩にふくまれる溶結凝灰岩のれき（スケールは1m）

と、溶結凝灰岩ができるようです。このような地層のようすから、シラフラの軽石凝灰岩は水中で発生した大規模な火砕流(かさいりゅう)*噴火で堆積した火砕物(かさいぶつ)*が、さらに移動して堆積したものと考えられます。

滝瀬海岸に連続する地層の変化から、砂が堆積するやや深い海底に突然、火山噴火が起こり、大規模な水中火砕流が発生したことが読み取れます。海底で起こったその劇的な変動を、今は陸上で観察しているのです。

### ❹ 館の岬トンネル手前　浸食されやすい館層

国道229号は館の岬トンネルの手前で通行止めになっています。2021年6月にトンネルを抜けたところで館層の崖が崩落し、崩れた土砂が国道をふさいでしまったのです。熊石方面へ行くには、姫川・富岡方面へ17kmほども迂回しなくてはなりません。現在、山側に新トンネルを掘る計画で復旧工事が進められています。

▲浸食されやすい館層の泥岩・砂岩層

ゲート前からは、わずかに右に傾斜する館層の泥岩*と砂岩の地層が見えます。崖面がくしの歯状に横に突き出ているのは、地層にできた垂直な節理(せつり)*に沿って浸食が進みやすいことを示しています。

▲びっしりと貝殻が堆積している化石床
◀公園の奥にある化石床の露頭

## ❺ 貝子沢(かいこざわ)化石公園　鶉(うずら)層の化石床(かせきしょう)* 解説板

化石床の露頭はとても貴重なものです。柵の外に体を出したり、地層や化石にさわってはいけません。

国道をもどり、姫川橋の手前で左折して260m進み、交差点を右折して農免農道に入ります。そこから約1km進むと左側に貝子沢化石公園があります。公園は広い芝生が広がっているだけのように見えますが、いちばん奥の階段を上ったところの崖に貝化石がたくさんあるのです。

崖の地層は、これまで観察してきた館層の上に重なる鶉層です。鶉層は道南に広く分布する瀬棚(せたな)層に対比される地層で、堆積した時代は第四紀*の約100万年前と考えられています（☞p.65豆知識「道南の地層の対比」）。下位の館層とは不整合*関係で、約300万年の時代の開きがあります。

崖の上の露頭は、白い貝殻がびっしりとつまったように堆積しています。貝殻はすべてばらばらになっており、円れきも多く交じって堆積しているので、波の動きがかなり速い場所ではき寄せられるように堆積したと考えられます。化石が密集している部分は上下を砂層にはさまれており、厚いところで1.5m以上あります。横へ行くとしだいにうすくなるので、大きなレンズ状の形をしていると思われます。このように化石が密集している部分を化石床といいます。

くわしい調査によると、産出する貝は30種類以上あり、全体の70％が二枚貝のエゾタマキガイで、ほかにビノスガイやエゾワスレが見られるそうです（☞p.139）。このことから約100万年前の乙部(おとべ)町は、おもに寒流の影響を受ける浅い海だったことがわかります。ていねいな解説板もあるので、しっかり読んでおきましょう。

1億5000万年前　1億年前　2000万年前　1000万年前　現在

先白亜紀　白亜紀　新第三紀　第四紀

# 鮪ノ岬周辺海岸　地形の成因を探る

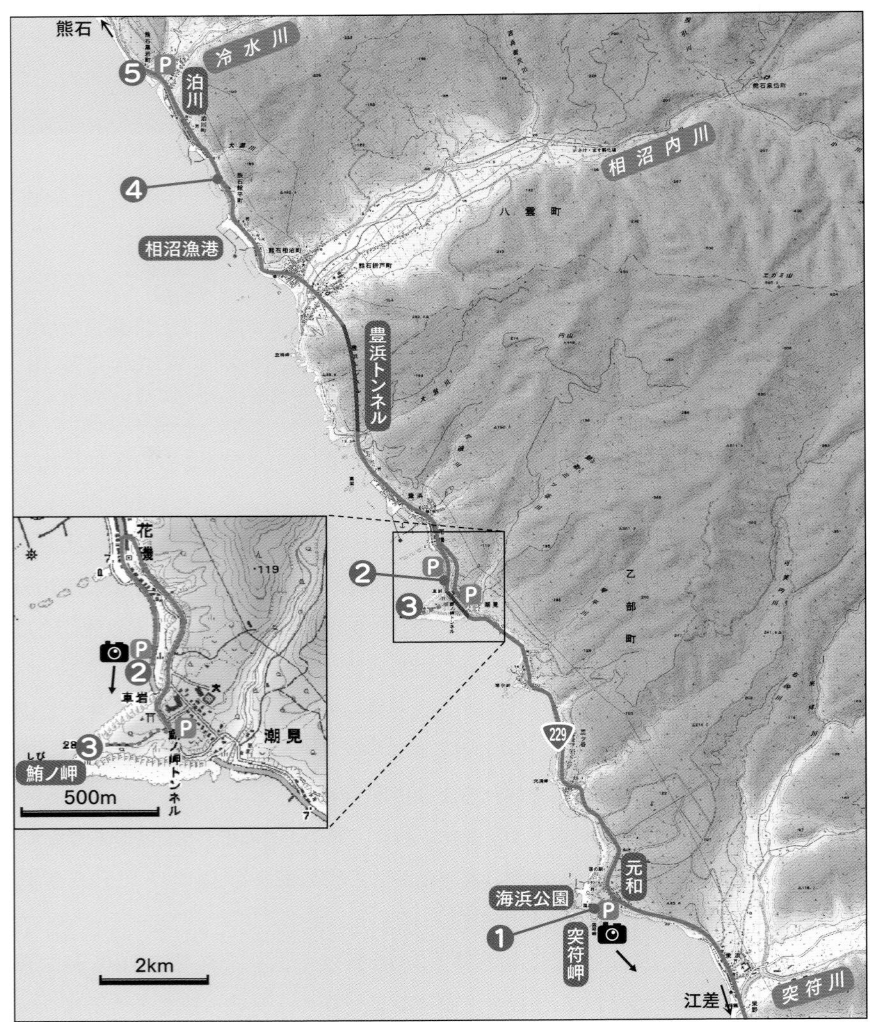


**ルート**　国道229号→Ⓟ❶元和台緑地広場→Ⓟ❷鮪の岬ビューポイント
→Ⓟしびの岬公園ー（7分）→❸鮪ノ岬
└→❹熊石泊川海岸→Ⓟ❺円空上人滞洞跡

**みどころ** このコースは、観光ドライブルートとしても知られている「日本海追分ソーランライン」の一部で、通行止めになっている館ノ岬より北側になります。ルート沿いには時代のことなる地層と、それらに貫入(かんにゅう)した火成岩が見られます。これらの地質は見事な景観と地形をつくりあげており、南の滝瀬海岸から続く絶好の自然観察ルートです。

## ❶ 元和台(げんなだい)緑地広場　広い海成段丘*面

国道229号の突符川(とっぷがわ)にかかる来拝(らいはい)橋付近の北東には、海にテーブル状に突き出た地形が見えます。その先端が突符岬です。国道の左に「元和台海浜公園」の大きな看板があるところで左折し、駐車場に入ります。

▲海成段丘面にある元和台緑地広場

レストランの横を通って海岸に向かうと、広い芝生の平坦地が目に入ります。ここが来拝橋から見えた平らな地形の上にあたります。標高は約40mもありますが、海岸のこのような平坦地は海成段丘の段丘面*と考えられます。くわしい調査では、約13万〜12万年前の最終間氷期*に形成された中位段丘面とされています。

南の方をながめると、海食崖*に山なりにゆるく褶曲(しゅうきょく)*した鮮新世*の館層と館ノ岬が見えます。奥の駐車場から海岸にある海浜公園へ下りることができます。途中の螺旋(らせん)展望台からは、館層と同時期に堆積した火山角れき岩*の厚い地層を金網越しに見ることができます。

## ❷ 鮪(しび)の岬(さき)ビューポイント　連続する柱状節理(ちゅうじょうせつり)*　解説板

鮪の岬トンネルを抜けると左手にビューポイントの駐車場があります。ここからトンネルの方を振り返ると、見事な柱状節理の崖が岬の先端まできれいに続いています。柱状節理の上部はいびつな四角形〜六角形のごつごつとした岩肌になっており、柱状節理の断面が現れているようです。この柱状節理は安山岩(あんざんがん)*の溶岩(ようがん)*が冷えて固まるときにできたもので、地質学上も貴重なものであることから、1972(昭和47)年に北海道天然記念物に指定されています。

▲鮪ノ岬に見られる安山岩の柱状節理

柱状節理の見え方が違う理由を考えてみましょう。これまでは下側の縦にのびる柱状節理の上部がしだいに奥に曲がり、崖の上部では横向きになった柱状節理の断面が見えているのだと説明されてきました。しかしこれでは岬の柱状節理のでき方を説明しきれていません。

トンネルのまわりの柱状節理をよく見てください。トンネルの横で縦になっている柱状節理の方向は、トンネルの上で横向きに、さらに上では上向きになっているのです（写真右）。これは、溶岩全体としては放射状節理（ほうしゃじょうせつり）*になっていることを示しています。さらに岬の先端の方に目を移すと、縦の柱状節理はしだいに横倒しになり、崖の断面が見えている部分で放射状節理になっているのです。したがって鮪ノ岬では、横に広がった厚い溶岩流の丸くなった先端部に放射状節理ができたと考えられ、その断面は右図のようになっていると推定されます。ビューポイントからは、この放射状節理を横方向から見ているので、節理の方向がいろいろ変化して見えるのです。

▲トンネルのまわりの柱状節理の方向の変化

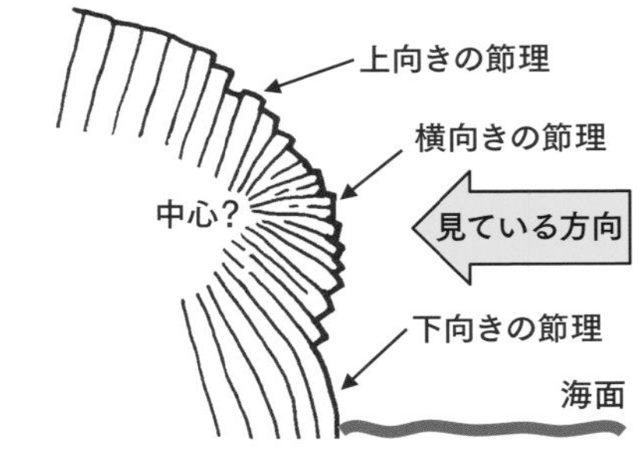

▲鮪ノ岬の溶岩に発達する節理の推定断面

## ❸ 鮪ノ岬　広がる安山岩溶岩

ビューポイントから国道を650m進み右の道に入ると、鮪ノ岬方向にもどり、トンネルの上にあるしびの岬公園に着きます。公衆トイレの右の小道を道なりに進むと、鮪ノ岬に出ます。

▲方状節理の発達する鮪ノ岬の安山岩溶岩

岬は節理の発達した安山岩のゆるやかな斜面になっています。ここでは柱状節理というよりは、四角いブロック状の方状節理*が発達しています。連続する溶岩でも、溶岩の厚さや冷え方が違うと、固まるときにできる節理にも違いが出てくるのでしょう。この溶岩の噴出年代は、同じ層準*の岩石の分析から約520万年前とされています。

## ❹ 熊石泊川海岸　古い地質の岩礁

国道229号をさらに北上します。相沼漁港を300m過ぎた右手に熊石総合センターがあります。道路向かいのバス停の横の空き地に車を置き、北側の船揚場を下りて海岸に出ましょう。

海岸に点在する小さな岩礁は、付加体*の粘板岩*や片岩*が現れたもので、中生代*のジュラ紀*後期〜白亜紀*前期（約1億6300万〜約1億年前）のとても古い地質です。岩礁を歩くと、地層を切って幅10cm以上の白い脈がつらぬいていることに気づきます。白い脈は石英*や長石*、黒雲母*のやや大きな結晶からなる花こう岩*質の岩石でできています。このような脈岩をアプライト*とよびます。地層には細かく褶曲した石英脈も見られます。くわしい調査では、熊石泊川の付

▲粘板岩をつらぬくアプライト脈

▲細かく褶曲した石英脈（白い部分）

加体は白亜紀の約1億年前に貫入した花こう閃緑岩*にとりまかれています。付加体中のアプライト脈は、このマグマ*が貫入したときに入り込んだのではないかと考えられます。

### ❺ 円空上人滞洞跡　タフォニ*でできた洞窟　解説板

冷水川を渡った先の右手に「円空上人滞洞跡」の石碑があります。手前の公衆トイレのある駐車場に車を入れて、洞窟のある岩を見てみましょう。

▲タフォニの大きな穴ができている岩

円空は1666(寛文6)年に蝦夷地に渡ってきた修験僧で、修業のために彫られた仏像は円空仏として有名です。熊石に来たときは、ここの洞窟にこもって作像を行ったと伝えられています。

高さ20mくらいの岩には、全体に金網がかけられており、大きな穴がいくつも開いていて崩れた部分も見られます。岩は大小の安山岩の角れきが堆積してできた火山角れき岩です。れきの角が少し丸くなっており、れきの間は細かなれきで埋められていることから、角れきが海底の斜面を移動しながら堆積したものと思われます。この地層は、①地点で見られた突符岬をつくっている火山角れき岩と同じ層準と考えられています。

岩を南側から見ると、大きな穴が三つ開いています。また岩の北側にも大きくえぐられてへこんでいる箇所がいくつかあります。穴が深くなれば、人も十分に入れるでしょう。これらの穴やへこみは人工的なものではなく、自然にできた浸食地形でタフォニといいます。海水の細かなしぶきが風で巻き上げられて岩に付着し、海水中の塩類が結晶となるときに地層の細かな粒を表面からはぎ取っていくのです。穴ができはじめると風がその中で舞うようになり、穴は内側から浸食が進んでしだいに大きくなっていきます。火山角れき岩などの火砕岩*の崖にタフォニができているのはめずらしくありませんが、このようにいくつも大きな洞窟のように成長している例はわずかです。

豆知識

## ●様々な火砕岩　火砕岩の名前の意味

道南には海底火山の噴出物が堆積、固結してできた火砕岩*が広く分布しています。それらは火山角れき岩*、凝灰角れき岩*、凝灰岩*、ハイアロクラスタイト*など様々な名前でよばれるため、いったい何を基準にしてつけているのか疑問に思うことがあるでしょう。火砕岩の分類基準はいくつかあり、基準が違うと同じ岩石でもよび方が変わります。もっとも多く使われるのは、粒径による区分とそれらの割合に基づいた分類です。

### 1　粒径と割合による分類

火砕岩の構成粒子は64mmと2mmを境に火山岩塊・火山弾*、火山れき、火山灰*の三つに分けられます。そしてそれぞれの粒子の割合（体積比）によって25%または75%を境に右図のように分類されています。

三角図では、角に近いほどその角の構成粒子が多いことを表します。たとえば、火山岩塊30%、火山れき20%、火山灰が50%であれば図の赤丸の位置になるので凝灰角れき岩となります。

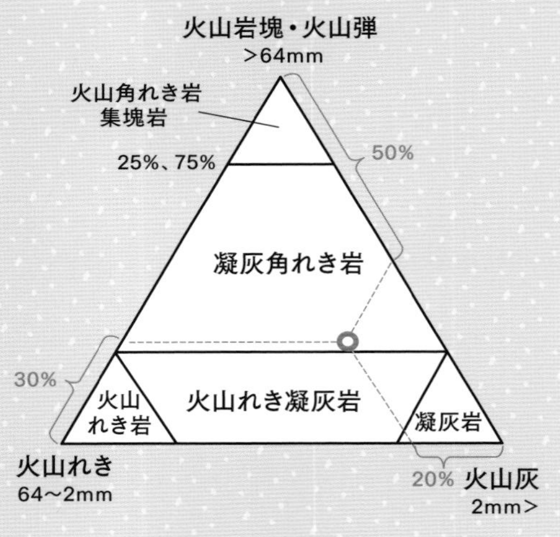


### 2　成因を考慮した分類

火砕岩には、成因を考慮した分類もあります。本書にも出てくるハイアロクラスタイトはその一つで、水冷破砕岩ともよばれます。マグマ*が水と接触して急冷破砕され、溶岩*の角れきと火山灰が入り交じって堆積したもので、粒径は問いません。ハイアロクラスタイトと決めるには、①角れきと基質の火山灰が同質である、②急冷縁（きゅうれいえん）*や節理*など、角れきに水冷の特徴がある、③角れきは同一種類で、他種のれきの混入がほとんどない、④露頭の近くに給源岩脈（きゅうげんがんみゃく）*があるなど、成因を裏付けるものが必要です。露頭*も広域的に見なくてはならないので、野外調査で経験を積むことが大切です。

1億5000万年前　1億年前　2000万年前　1000万年前　現在

先白亜紀　白亜紀　新第三紀　第四紀

# 長磯海岸　海底火山が生んだ奇岩

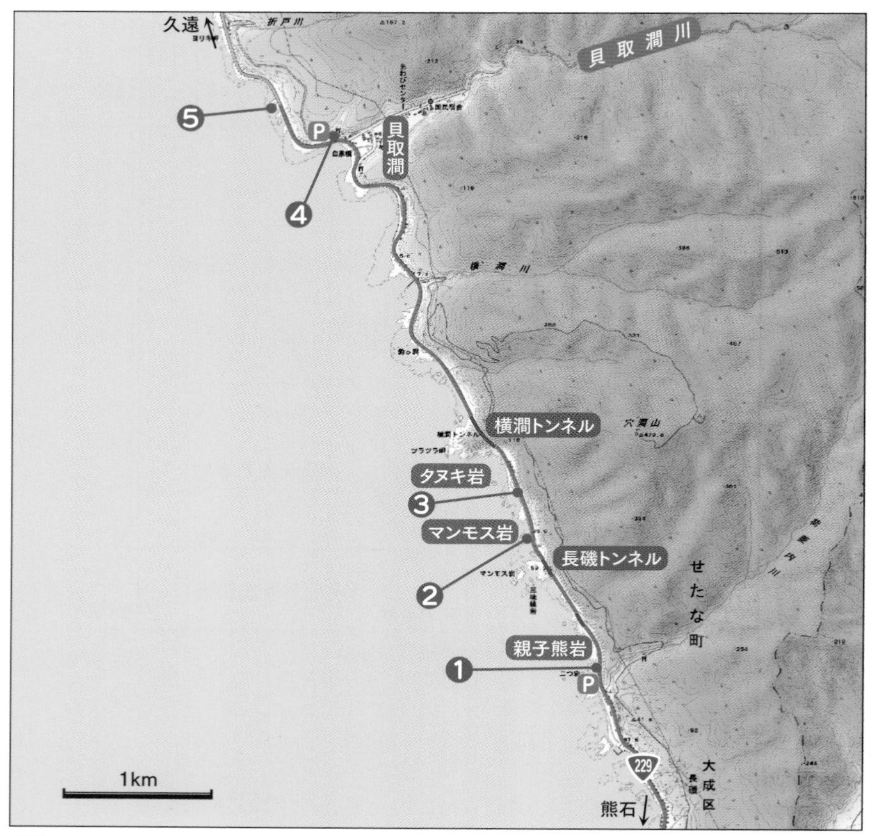


ルート　国道229号→P❶親子熊岩→❷マンモス岩→❸タヌキ岩→P❹貝取澗→❺地点

みどころ　せたな町南部の長磯(ながいそ)海岸は、貝取澗(かいとりま)から南南東へ、ほぼ直線に6km以上続く海岸です。海岸に平地はほとんどなく、山が海までせまって急崖をなす険しい地形になっています。国道沿いには多くの奇岩が連続することから、檜山道立自然公園の中でも人気の観光ルートです。

ここで見られる岩は、すべて第四紀*更新世(こうしんせい)*の190万〜140万年前に噴出した溶岩*やハイアロクラスタイト*などの火砕岩*で、長磯安山岩*類とよばれています。安山岩はどれも角閃石*の結晶が目立ち、ほぼ同じマグマ*の活動によるものと思われます。岩や岩礁を注意して観察すると、地層に貫入したマグマのはげしい活動のようすを見ることができます。

### ❶ 親子熊岩　ハイアロクラスタイトでできた岩

▲ハイアロクラスタイトでできた親子熊岩

長磯漁港を過ぎて最初に目に入るのが親子熊岩です。手前の海側に駐車スペースがあるので、ゆっくり岩を観察できます。

海岸に下りることはできませんが、岩は安山岩の角れきと同質の火山灰*の基質からなるハイアロクラスタイトでできています。親子熊とも、おなかから頭部にかけてハイアロクラスタイトの粒径はしだいに大きくなっています。岩の形は子熊がのび上がって親熊によりかかっているように見えますが、これは親熊の首もとから子熊にかけて斜めに入っている節理*に沿って浸食が進んだ結果で、節理にできたすき間が親子を分けているのです。親熊が口を開けているように見える部分は、岩にできたタフォニ*（☞p.106）のくぼみが広がったものです。

▲安山岩溶岩の柱状節理

陸側に目を移すと、比高40mもの切り立った崖が続いており、きれいな柱状節理*が現れています。これは親子熊岩をつくるハイアロクラスタイトをおおっている安山岩溶岩にできたものです。国道を250mほど先へ進むと、柱状節理の下部が大きく湾曲しているようすを見ることができます。

### ❷ マンモス岩　ハイアロクラスタイトの供給源

国道をさらに進み長磯トンネルを抜けると、正面にどっしりとした感じのマンモ

▲ハイアロクラスタイトでできているマンモス岩

▲斜長石と角閃石の結晶が目立つ安山岩

ス岩が見えます。岩と国道が接する路肩に車を止め、岩の北側から海岸に下ります。岩には人が掘ったと思われる穴が開いています。ここを通り抜けて岩の南側で岩石を観察しましょう。

マンモス岩は大部分がハイアロクラスタイトでできています。岩石を近くで見ると、白い斜長石*と黒く細長い角閃石の結晶が大きい特徴的な安山岩です（写真右上）。ガスが抜けた気孔もたくさん開いています。角れきの間は、安山岩と同質の火山灰で固められています。

岩の下部を見ると、安山岩が塊状になっています。安山岩からは岩脈*が上に突き出るようにのびて、ハイアロクラスタイトの角れきに移り変わっています。これは岩脈の先端部がばらばらの角れきになり、ハイアロクラスタイトをつくり出している状態です。このようにハイアロクラスタイトのもととなっている岩脈を給源岩脈*（フィーダーダイク）といいます。ハイアロクラスタイトと連続する給源岩脈を見られる露頭*は少ないのでよく見ておきましょう。

▲給源岩脈からハイアロクラスタイトに移り変わっている部分（写真左上の白枠部分、スケールは1m）

## ❸ タヌキ岩　火山角れき岩*の岩

マンモス岩から400m進んだ左手にタヌキ岩が見えます。看板の手前に駐車スペースがあります。この先の海岸にある岩がタヌキ岩ですが、ここでは看板の横の高さ10mほどの岩を観察しましょう。

岩の右下は板状節理*の発達した安山岩の大きなブロックです。そのまわりは大小の様々な色の安山岩れきと間を埋める細かなれきからなります。見た目にはマンモス岩で観察したハイアロクラスタイトに似ていますが、安山岩れきにはいろいろなものがあり、角がやや丸みをおびていて、基質も火山灰ではありません。これはおそらく海底で土石流*などが発生し、火山の斜面に堆積していた岩石や火砕物*を取り込みながら再堆積したもので、火山角れき岩とよばれます。

▲看板横の火山角れき岩の岩（スケールは1m）

## ❹ 貝取澗　浸食が進んだ凝灰岩*

国道をさらに進み貝取澗川を渡ると、正面に大きな露頭が見えます。露頭の150m先の右に駐車スペースがあります。

この露頭の岩石も長磯安山岩類ですが、これまで観察したものとはようすが違っています。露頭全体に右下がりのラミナ*のような筋模様があり、凝灰岩のようです。安山岩の溶岩にできた流理構造*にも見えますが、溶岩のような硬さはなく、ぼろぼろに崩れます。結晶は大きく、磨滅していません。結晶の間は火山ガラスや微粒の結晶で埋められています。ラミナのような模様は、浸食された崖面に積み重なるうすい凝灰岩層のわずかな硬さの違いが現れたのでしょう。この露頭は全体に浸食が進んでおりタフォニや洞穴もできています。

▲ラミナのような筋模様がある凝灰岩の露頭

## ❺ 地点　海に向かってのびる岩脈

④地点から800mほど国道を進むと、海側に細い岩礁がいくつか見えます。道路の右側に車を止められる空地があります。

道路から岩礁をながめると、四つくらいある岩礁はだいたい平行に海に向かってのびており、その中心部には斜めに切り立った岩石が続き岩脈のように見えま

▲岩脈を中心にして細くのびる岩礁

岩礁まで行くときに消波ブロックのすき間をくぐるので、十分に注意してください。

す。波が静かなときは、護岸についている階段を下りて岩礁まで行ってみましょう。

岩礁の切り立っている部分はやはり岩脈で、岩脈がのびている方向と平行に流理構造が発達しています。岩石は暗灰色の安山岩で、ガスが抜けた気孔が多く見られます。岩脈の縁には急冷縁*があり、岩脈のまわりは同質の角れきと火山灰からなるハイアロクラスタイトです。注意して観察すると、岩脈が細く枝分かれして、ハイアロクラスタイトに移り変わっています。つまりこの岩脈もハイアロクラスタイトの給源岩脈なのです。②地点のマンモス岩では給源岩脈を垂直に見ていましたが、ここでは給源岩脈の水平的な広がりを観察することができるのです。

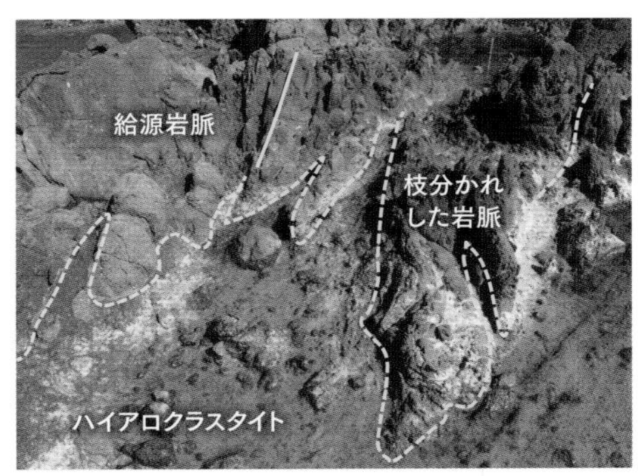

▲給源岩脈からハイアロクラスタイトに移り変わる部分（スケールは1m）

岩礁が細長いのは、この方向にのびる岩脈部分がハイアロクラスタイトよりも波食に強いためです。岩礁が平行に何本もあるのは、地殻（ちかく）*にかかる力により平行な割れ目ができ、そこにマグマが入り込んで岩脈になったからでしょう。長磯安山岩類は、地下のマグマからこのような岩脈を通してもたらされたと考えられます。

この地点からは、晴れていれば沖合に奥尻島がよく見えます。

1億5000万年前　1億年前　2000万年前　1000万年前　現在

先白亜紀　白亜紀　新第三紀　第四紀

# 太田海岸　付加体と貫入岩体

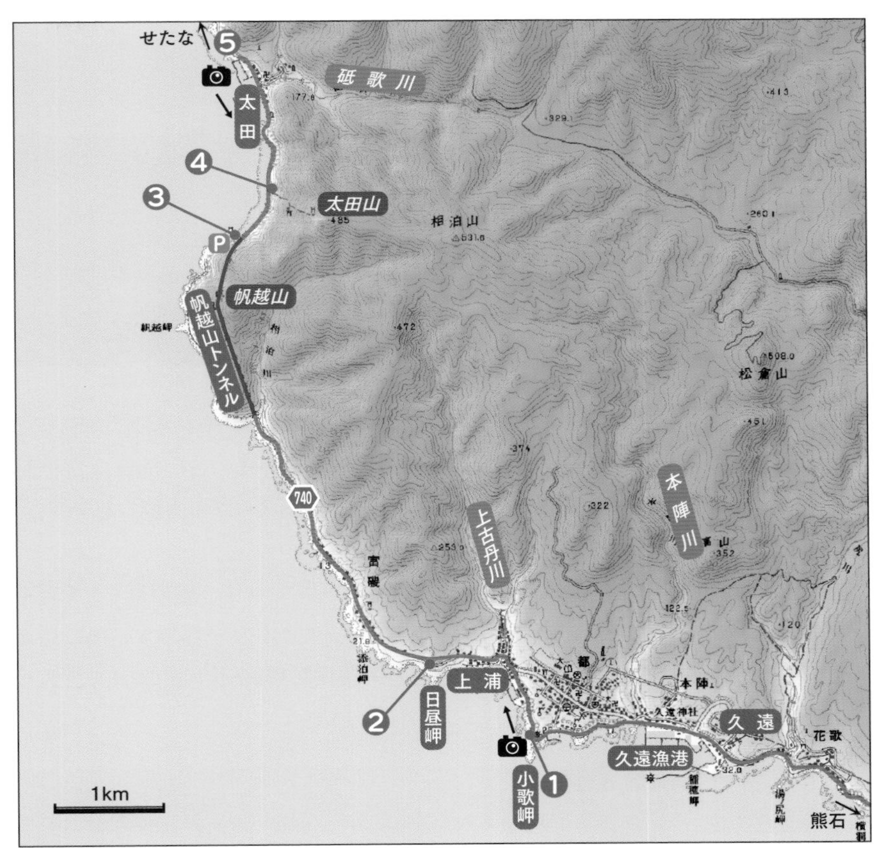


**ルート**　道道740号→❶小歌岬→❷日昼岬→Ⓟ❸太田神社→❹太田神社本殿入口→❺太田トンネル手前

**みどころ**　太田海岸は山の急斜面が直接海に落ち込むとても険しい地形が続きます。帆越山(ほごしやま)トンネルが2004年に完成するまでは、海岸沿いの道が不通になると、太田地区はたびたび“陸の孤島”となることがありました。この地形をつくっているのは約2億〜1億5000万年前のジュラ紀*に、海溝(かいこう)で大陸の縁にできた付加体*とされるとても古い地質です。それが約1億年前に花こう閃緑岩*の大きな岩体*の貫入を受け、ともに隆起*して現在の地形をつくっているのです。日本一参拝しに行くのが危険な神社として知られる太田神社が、どのような場所にあるかも見ることができます。

### ❶ 小歌岬　ジュラ紀の付加体

久遠市街地に入り、本陣川を渡ったところで左の上浦漁港に向かう道に入ります。漁港を過ぎて右カーブになっているところが小歌岬です。車は少し先の崖についている避難階段のあたりに止めましょう。

▲ジュラ紀の付加体の地層が広がる小歌岬

道路から岬の岩礁をながめると、切り立った地層がいくつもの岩塔をつくっています。海岸には下りられませんが、岩礁は砂岩*や粘板岩*の地層でできており、ジュラ紀の付加体と考えられています。同時代の古い地質は白神岬(☞p.78)や折戸海岸(☞p.85)でも見られます。道路のカーブの内側に粘板岩が露出している部分があるので確認しておきましょう。

岬から北の海食崖*を見ると、崖の色が灰色になっています。崖の近くまで行くと、層状チャート*であることがわかります。これも付加体の一部です。奥に見える黒い崖は玄武岩*でできており、ずっと後の中新世*(1900万年前ころ)に貫入した小さな岩体です。

▲小歌岬の北に見られる地質

## ❷ 日昼岬（にっちゅう）　付加体に貫入した岩体

▲日昼岬の花こう閃緑岩の露頭

ふたたび道道740号に出て、日昼岬を過ぎたところで左の旧道に入り少しもどります。道路わきに白っぽい岩石の露頭*があります。

この岩石は花こう閃緑岩という深成岩（しんせいがん）*で、約1億1400万年前に付加体に貫入した岩体の一部です。岩石を手に取って見ると、ごま塩状になっています。黒い結晶の黒雲母*と角閃石*、ガラスのような灰色の石英*、白い斜長石*と淡いピンクのアルカリ長石*を見分けることができます。この岩体は日昼岬から次の観察地点の太田神社まで続いています。この間の海岸が白っぽいのも海岸に花こう閃緑岩が出ているからです。帆越山トンネルはこの岩体をつらぬいています。

## ❸ 太田神社　花こう閃緑岩の海岸と見上げる本殿

帆越山トンネルを出ると風景ががらりと変わり、山の急な斜面がそのまま海に落ち込んでいます。すぐに左折すると、太田神社（拝殿）です。

神社の裏側にまわると、花こう閃緑岩の岩盤が現れています。ここは②地点の日昼岬から続く花こう閃緑岩の岩体の北側の縁にあたります。花こう閃緑岩は、日昼岬のものよりそれぞれの鉱物の特徴がはっきりしています（写真左下）。

ここから北には、ふたたび①地点で観察した付加体が現れます。山頂部が絶壁になっているのは太田山です。この絶壁の下部にできている小さなくぼみの中に太田神社の本殿があるのです（写真右下）。

▲ごま塩状の花こう閃緑岩の表面

▲山頂下の絶壁にある太田神社本殿

## ❹ 太田神社本殿入口　崩れる斜面

本殿へ行くには、危険を覚悟して急な石段と山道を約350m登らなくてはなりません。登山の装備と十分な体力が必要です。

本殿入口の鳥居前に駐車スペースがあります。鳥居の左側に、崩れた岩石のガレキがたまっているところがあるので、そこで太田山の岩石を見ましょう。

沢から崩れ落ちてきた岩石はどれも白く変質しており、もとは砂岩や粘板岩と思われます。太田山はこのような崩れやすい変質した付加体でできているのです。太田地区の北側には中新世に貫入した流紋岩(りゅうもんがん)*が分布しています。付加体が変質しているのは、南の花こう閃緑岩の貫入と北の流紋岩の貫入を受けているためと考えられます。砂防ダムの下に変質していない粘板岩*がわずかに現れています。

▲変質した砂岩や粘板岩のガレキ（スケールは1m）

## ❺ 太田トンネル手前　地質の違いがわかる浸食地形

道道をさらに進むと、太田トンネル手前の海側に駐車スペースがあります。ここから太田地区を振り返ってみましょう。

太田山の西斜面ははげしく浸食されて多くの沢ができていることがわかります。この部分が変質した付加体です。それに比べて太田神社（拝殿）の背後の帆越山は花こう閃緑岩でできているので丸みをおびています。同じように太田漁港のすぐ南の流紋岩でできている山も丸みをおびています。このように地質の違いは地形にも反映されているのです。

▲太田トンネル手前から見た太田地区の海岸地形と地質（黄色点線は地質の境界）

1億5000万年前 1億年前 2000万年前 1000万年前 現在

先白亜紀 | 白亜紀 | 新第三紀 | 第四紀

# 奥尻島北部 岬巡りで見る島の地質

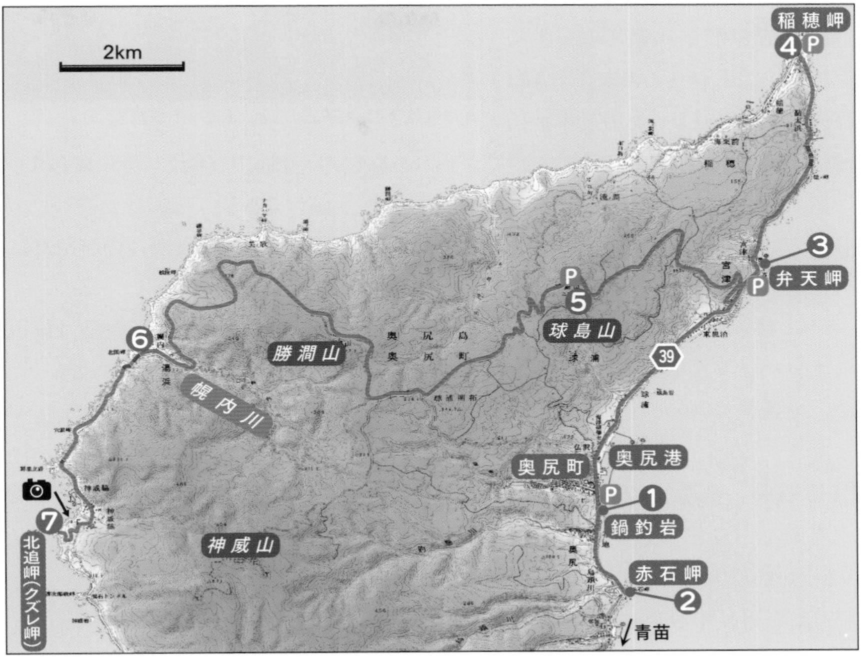

2km
稲穂岬
4 P
3
P 弁天岬
P
5
球島山
39
6
勝澗山
幌内川
奥尻町
奥尻港
P 1
鍋釣岩
7
神威山
北追岬(クズレ岬)
赤石岬
2
青苗

**ルート** 奥尻港→P❶鍋釣岩→❷赤石岬→P❸弁天岬→P❹稲穂岬→P❺球島山山頂→❻幌内川河口→❼北追岬

**みどころ** 奥尻島は、北部を除いて海岸線を一周する道路が通っており、海岸沿いで島の地質観察をすることができます。1993年7月12日に発生した北海道南西沖地震*で奥尻島は大津波に襲われ、たいへんな被害が出ました。その後の復興工事で崩落の危険がある崖は大部分がコンクリートなどで補修されたため、海食崖*に見られた露頭*は減っています。しかし岬や海岸の岩礁を巡って観察すると奥尻島の地質がかなり複雑であることを理解することができます。地質から島の成り立ちを考えてみましょう。

奥尻島を回るにはレンタカーが便利です。道路がせまいので、運転には注意してください。

## ❶ 鍋釣岩（なべつるいわ）　奥尻島のシンボル

▲地盤沈下で海岸とはなれてしまった鍋釣岩

最初に奥尻港の南にある鍋釣岩を見ましょう。道路わきに駐車場と展望所が整備されています。

鍋釣岩は形が鉄鍋の取っ手に似ていることからこのようによばれます。約700万〜300万年前に地層に貫入した安山岩*質のマグマ*が角れき状に冷え固まり、隆起*後にまわりの地層が浸食されてできたものです。鍋釣岩を真上から見ると、基部はいびつな円形をしており、波による浸食が進んで海面より上の部分が東西方向にのびた形に削られ、中央に穴が開いたと考えられます。

鍋釣岩は、北海道南西沖地震で沖側の一部が崩落して細くなったため、1億円以上をかけて補強されました。また地震前は干潮時に岩まで歩いて行けましたが、地震後に70cm以上地盤が沈下したため、海岸とはなれてしまいました。

## ❷ 赤石岬　白亜紀*の花こう閃緑岩*

▲赤石岬の花こう閃緑岩

道道39号を南に進み、赤石岬の切割りを過ぎて100mくらいのところで少し広がった路肩に車を止めます。歩いて50mもどり海岸沿いの旧道跡に入りましょう。道は行き止まりになりますが、そのあたりの崖や海岸には白っぽい岩石が現れています。

この岩石は奥尻島の基盤となっている花こう閃緑岩の岩体*が地表に現れたものです。約1億年前の中生代*白亜紀に地中に貫入したマグマだまり*がゆっくり冷えて大きな岩体となり、それがしだいに隆起してきたのです。

岩石を手に取りルーペで見ると、黒い長柱状の角閃石*が目立ち、六角形の黒雲母*や白い斜長石*、ピンクのアルカリ長石*、半透明の石英*が見分けられます。このようなつくりは対岸の太田海岸に分布する花こう閃緑岩ととてもよく似ています（☞p.115）。海岸の岩礁は方状節理*が入り四角く割れています。地表に現れた花こう岩*質の岩体には、このような節理がよく発達しています。

## ❸ 弁天岬　玄武岩*の溶岩*

▲弁天岬の玄武岩溶岩

道道39号を北上し、弁天岬まで行きましょう。海側に駐車場と展望台があります。展望台から見ると、宮津弁天宮は直径50m、高さ20mほどの岩山の上にあります。岩山の斜面には柱状節理*が見えます。この周辺には釣懸（つりかけ）層とよばれる中新世*中期（約1600万〜1100万年前）の地層が分布しており、渡島半島の訓縫（くんぬい）層に対比されています（☞p.80）。釣懸層にはいくつもの岩脈*が貫入していることが知られており、弁天岬の溶岩もそのひとつです。

展望台から階段を下りると左の漁港に出ることができます。東防波堤のつけ根の階段を上がり、気をつけて岬の岩礁まで行ってみましょう。岩礁は黒色のち密な玄武岩の溶岩で、柱状節理の断面を見ることができます。

## ❹ 稲穂岬　安山岩の岩礁と海成段丘*

奥尻島北端の稲穂岬に向かう途中の崖の岬付近では、海食崖が高さ50m以上のコンクリートの擁壁でおおわれています。かつては釣懸層の連続露頭になっていましたが、震災後に崖の崩落を防ぐために大規模な工事が行われたのです。

稲穂岬の駐車場から西側の海岸に出てみましょう。海岸には大小の岩礁があり、岬を取り巻いています。岩礁は板状節理*の発達した安山岩で、これも釣懸層の一部とされています。南の稲穂岬灯台の方を見ると、地形が階段状になっていることに気づきます。これは海成段丘で、奥尻島で10段以上に区分されている段丘面*のうち、下から青苗（あおなえ）岬面、寺屋敷（てらやしき）面、米岡（よねおか）面の3段が見えています。

▲板状節理が発達する稲穂岬の安山岩溶岩

▲稲穂岬の海成段丘

▲球島山の山頂部にあるコアストーン（スケールは1m）

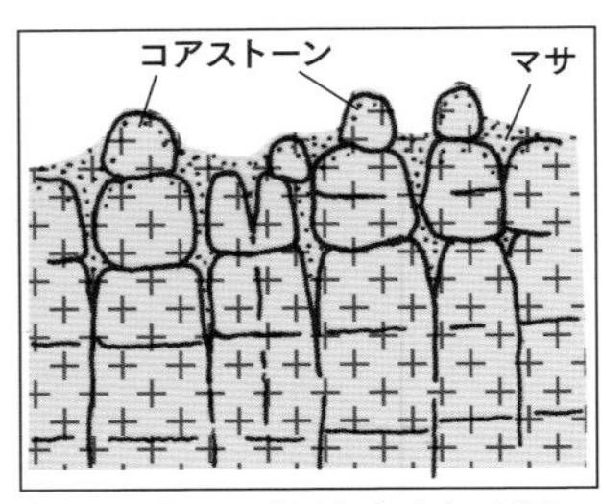

▲コアストーンができるイメージ図
地表近くで節理面に沿った風化・浸食が進み、丸みのある岩が残る

## ❺ 球島山（たましまやま）山頂　花こう閃緑岩のコアストーン*

道道をもどり、宮津弁天宮を過ぎて「球島山」の標識のあるところで右折します。道なりに進んで高度を上げ、山頂付近で左折すると山頂下の駐車場です。

晴れているときの山頂からの景色は素晴らしく、360度の展望が広がります。山頂の標高は369mあり、まわりにはなだらかな丘のような地形が続いています。これらのゆるい斜面も海成段丘とされており、球島山の山頂部は青苗川面に区分されています。

ところで、山頂には丸みをおびた白い岩がごろごろしています。岩の表面を見ると、②地点でも観察した花こう閃緑岩です。奥尻島の基盤の岩体が隆起して山になっているのです。山頂部に現れた花こう閃緑岩は節理面から風化*、浸食を受けて丸くなり、岩から崩れてばらばらになった石英や長石*が地表に堆積しています。このように花こう岩質の岩石が浸食されて残っている岩塊をコアストーン、できた砂をマサといいます。一般に方状節理が1～2mくらいの大きさのときにコアストーンができやすいようです。

## ❻ 幌内川河口　勝澗山（かつまやま）の黒曜石*ひろい

▲勝澗山の流紋岩溶岩のれき

道道39号に出て島の西海岸に向かいます。幌内橋を渡って幌内川の左岸沿いに進み、河口近くの右手の空き地に車を止め、河口まで歩きましょう。

幌内川の上流には、第四紀*の火山活動でできた直径約1.5kmのカルデラ*があります。その北東部の勝澗山から、約

30万～20万年前に溶岩が噴出し、カルデラ内に流れ込んでいます。幌内川はこのカルデラを浸食しているので、カルデラ内部や周辺の岩石がれきになって河口まで運ばれているのです。

▲幌内川の河口で見つかる黒曜石のれき

勝潤山の溶岩は白っぽく、灰色の筋模様があるれきで、すぐに見つかります(☞p.120写真下)。溶岩の表面には黒い黒雲母の結晶が点在し、ルーペで見ると粒状の石英の結晶がたくさんあります。白い部分はガラス質の石基*です。このことから溶岩はガラス質の流紋岩*であることがわかります。

この溶岩には、大部分がガラスのち密な部分があり、真珠岩*や黒曜岩*とよばれています。これらのれきも川で運ばれているはずですが、もともとマグマが冷えるときに細かくひび割れしているため、大きなれきにはなりません。河口で小石がたまっているような場所で探すと、ガラスでできたれきがたくさん見つかります。これらが勝潤山溶岩のガラス質の部分で、小さな黒曜石といえます。

奥尻島に火山があったことはあまり知られていないようです。勝潤山では溶岩が大規模に採石されていて、これを高温で焼成したものがパーライトという名前で断熱材や土壌改良剤などに利用されています。

## ❼ 北追(きたおい)岬　地すべり地形と岩屑(がんせつ)なだれ*

道道39号を南下し、「北追岬公園」の標識のところで右折して細い道に入ります。パークゴルフ場を左に見ながら進み、途中で右折すると北追岬です。

北追岬から陸側を振り返ると、神威山(かむいやま)の斜面がすり鉢状にえぐられた地形になっていることがわかります。これは神威山の西斜面で発生した大規模な地すべ

▲神威山西斜面の大規模地すべり跡と岩屑なだれがつくる起伏にとんだ地形

りの滑落崖(かつらくがい)*で、崩れた土塊は岩屑なだれとなって海になだれ込んだのです。地すべりの全体のようすは右の鳥瞰図(ちょうかんず)*を見るとはっきりします。北追岬は岩屑なだれの先端部が波による浸食を受けて急崖になっているところで、崖に現れている数メートルもの巨岩(きょがん)は流れてきた山体の一部です。地形図に記されたクズレ岬という名前には岬のでき方が表れています。

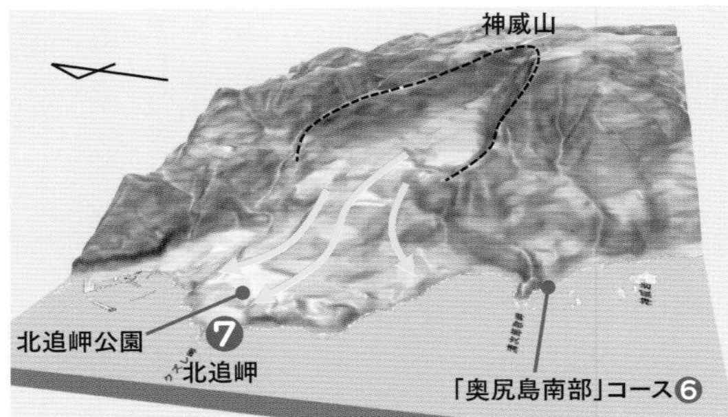

▲神威山の地すべりの鳥瞰図（数字は観察地点の位置）
地理院タイル傾斜量図を3D表示したものに追記

北追岬公園は起伏の多い岩屑なだれの上につくられています。パークゴルフ場に木が生えた小山が多いのもそのためです。公園内の地表にも岩塊が点在しています。公園北側にあるモニュメントから散策路を歩くと、茂みの中に火山角れき岩*のブロックを確かめることができます。

▲巨岩をふくむ北追岬の岩屑なだれ堆積物

## 豆知識

### ●地震津波　知っておくべき発生と伝わり方

津波は、地震の発生で広範囲にわたって海底面が急激に隆起*または沈降*したときに発生します。海岸に打ち寄せる波とは違い、津波は波長数十kmの海水面の盛り上がりであり、伝わり方につぎのような性質があります。

- 水深の深いところではジェット旅客機なみの速さで広がる。
- 水深が浅くなると速さが遅くなるとともに波高を増し、沿岸では巨大化する。
- せまい湾では収束して波高が急激に増し、湾奥まで浸入する。
- 伝わる方向は海底地形に大きく左右される。岬の一方から押し寄せた津波でも、岬の反対側に回り込んで被害をおよぼすことがある。また、陸地に反射して様々な方向に広がる。
- 津波は第1波だけでなく、伝わる途中で分波して第2波、第3波とやってくる。津波の収束までは長い時間がかかる。

海岸で強い揺れの地震にあったら、津波警報が出されるのを待たずに、ただちに高い安全な場所へ避難してください。

# 奥尻島南部　震災の爪痕と島の地層

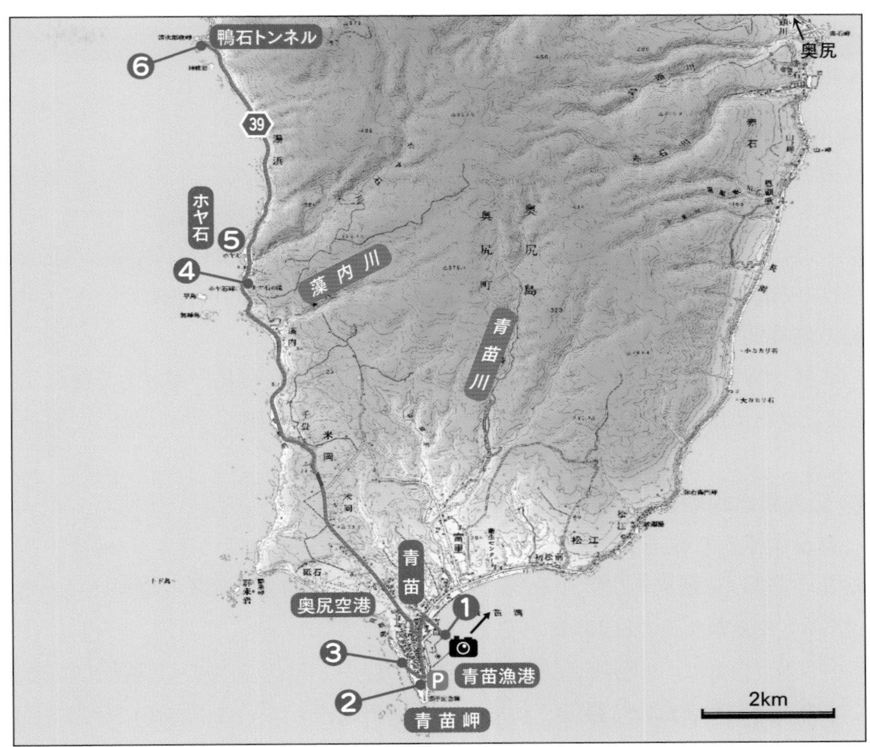


**ルート** ❶青苗漁港→Ⓟ❷徳洋記念緑地公園→❸青苗岬西海岸→❹ホヤ石の滝→❺ホヤ石→❻鴨石トンネル

**みどころ** 奥尻島民にとって1993年7月12日に発生した北海道南西沖地震*は忘れることができません。震度6ともいわれる揺れの後、数分もたたずに全島が大津波に襲われ、島民の死者・行方不明者198名という大惨事となったのです。その後30年が経過して、震災前とは違う街づくりが進められたようすを見ると、復興にかけた島の人々の苦労を肌で感じることができます。

島の西海岸は切り立った海食崖*が多く、ところどころで島の地質をつくる堆積岩*の地層を観察することができます。

▲青苗漁港から見た海成段丘(望遠レンズ使用)

## ❶ 青苗漁港　奥尻島の海成段丘*

青苗の市街地から、青苗漁港の防波堤の北東の角まで行ってみましょう。そこから北東の初松前の方向を見ると、きれいな階段状の地形を見ることができます。これらは奥尻島に発達する海成段丘で、くわしい研究では10段以上に区分されています。このうち米岡面は、段丘面*をおおう火山灰*から約13万〜12万年前の最終間氷期*に形成されたと考えられています。

このように海成段丘が発達しているのは、第四紀*に奥尻島が継続して隆起*してきたからにほかなりません。

## ❷ 徳洋記念緑地公園　時空翔(じくうしょう)から見る震災の爪痕

青苗漁港から道道39号に出て、青苗岬に向かって直進し、突き当たりを右折して、すぐの交差点を左折すると公園に入ることができます。駐車場の北にあるマウンドに上がり、まわりの景色を見ましょう。

マウンドの上は「時空翔」とよばれる震災で亡くなられた方々の慰霊碑(いれいひ)になっています。周辺のきれいに整備された公園は、海成段丘でいちばん低い青苗岬面にあたります。北海道南西沖地震の前には、ここには民家が軒を連ねる街並みがありました。地震が起きたときには、高さ5m以上の津波が襲い、防潮堤が破壊されて大部分の家屋が流失するとともに、火災も発生して青苗地区は壊滅的な被害を受けたのです。

震災後の復興では、岬の先端部には家屋は建てず公園になりました。時空翔のマウンドもそのときにつくられたもので

▲震災後に青苗岬段丘面に整備された徳洋記念緑地公園

す。奥尻島津波館（有料）では地震発生から復興までの道のりを多数のジオラマで知ることができます。時間をつくってぜひ見学しましょう。

### ❸ 青苗岬西海岸　段丘崖（だんきゅうがい）*に現れた千畳層（せんじょう）

公園から出たところの交差点を左折し、170m進んで左の砂利道に入ります。少し進むと、小屋裏の崖に地層が見えているところがあります。崖の上の平坦面は海成段丘の寺屋敷面なので、海岸に続く崖は段丘崖といえます。

地層は頁岩（けつがん）*が何層も重なったもので、細かくひび割れして崖の下にたまっています。ところどころに泥岩*のうすい層をはさみ全体がゆるく東に傾斜しています。

▲青苗岬の崖に現れている千畳層（スケールは1m）

この地層は千畳層とよばれ、青苗から米岡にかけて奥尻島南部に分布します。千畳層は道南の標準層序（そうじょ）*の八雲（やくも）層に対比されており、八雲層の硬質頁岩の特徴と似ています（☞p.65豆知識「道南の地層の対比」）。

### ❹ ホヤ石の滝　厚く堆積した米岡層

青苗から道道39号を北西に向かいます。左に見える奥尻空港は寺屋敷面上にあり、先へ進むと上り坂となり米岡面に出ます。二つの段丘面の高度差は約30mあります（☞p.124写真上）。

奥尻島の西海岸を北上し、藻内（もない）川を渡って約1kmのところにホヤ石の滝があります。標識や看板はないので通り過ぎないようにしてください。

このあたりは高さ50m以上の崖に米岡層が続いており、滝のまわりで地層のようすをよく観察することができます。米岡層は中新世*の終わりから鮮新世*（約720万〜258万年前）に堆積した地層で、千畳層をおおっています。藻内より北

▲米岡層の崖を流れ落ちるホヤ石の滝

の地域では、米岡層はおもに火砕岩*層からなり、この地点では凝灰質*砂岩*や火山れき凝灰岩*の地層がほぼ水平に重なっています。

### ❺ ホヤ石　米岡層をつらぬいた岩脈*

ホヤ石の滝から500mほど北の海岸にある岩がホヤ石です。岩の手前右側に駐車スペースがあります。

▲北側から見た岩脈のホヤ石

ホヤ石は約340万年前に米岡層に貫入した安山岩の岩脈です。道路側に東に傾く柱状節理*が見えますが、その方向は岩脈の中で水平や垂直にも変化し、冷え方がたいへん複雑だったと考えられます。

ホヤ石橋までもどると、ホヤ石川の上流に約40°で東に傾斜した米岡層が見られます。ホヤ石をつくった岩脈が米岡層を突き上げたように見えますが、ここより東に南北方向にのびる向斜*があり、地層は向斜に沿って傾斜しています。

### ❻ 鴨石トンネル　巨大な“にせピロー”

ホヤ石から4km進むと鴨石トンネルがあります。トンネル入口の右側の駐車スペースに車を置いて、岬の崖を見てください。

▲米岡層中の巨大な“にせピロー”

崖の地層は米岡層で、丸みをおびたれきやあらい砂が入り交じって堆積しています。これは一度堆積した火砕岩が、ふたたび斜面を移動してできた火山角れき岩です。

崖には直径8mほどもある円形の溶岩*の断面が現れています。よく観察すると、周縁部には放射状節理*があり、ガスが抜けてできた気孔がたくさん開いています。枕状溶岩*と似ていますが、本体の溶岩と切り離されて移動堆積したもので“にせピロー”(にせの枕状溶岩の意)とよばれます。

もう少し先へ進むと北追岬で、「奥尻島北部」コースにつながります。

# 第5章

# 渡島半島北部

寿都
黒松内
今金
茂津多海岸
せたな
太櫓・鵜泊海岸

1億5000万年前　1億年前　2000万年前　1000万年前　現在

先白亜紀 | 白亜紀 | 新第三紀 | 第四紀

# 寿都　海底火山噴出物と第四紀の地形

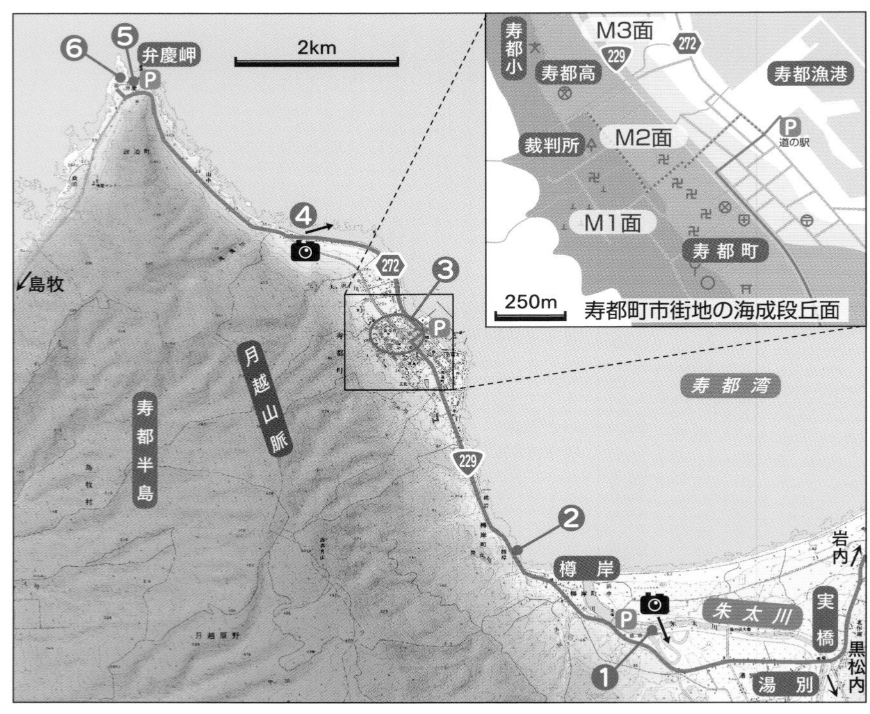


ルート　国道229号 → P 栄橋 ─(8分)→ ❶朱太川堤防 → ❷樽岸 → P 道の駅みなとま〜れ寿都 → ❸寿都町市街（60分） → ❹矢追町海岸 → P 弁慶岬 ─(2分)→ ❺弁慶岬灯台横　❻弁慶岬西の海岸

みどころ　寿都(すっつ)町は、北に大きく開いた寿都湾を取り囲んでいる町です。寿都湾は渡島半島を横断する黒松内(くろまつない)低地帯の北端にあり、低地帯を流れてきた朱太川(しゅぶとがわ)が湾に注いでいます。朱太川の河口付近の砂丘や低地、寿都町市街地のある海成段丘*は、第四紀*にできた新しい地形です。

寿都湾の西にある寿都半島はおもに新第三紀*中新世(ちゅうしんせい)*の海底火山の噴出物からなり、海岸の露頭(ろとう)*でははげしい火山活動のようすをうかがうことができます。

▲朱太川の三日月湖（点線はつながっている部分）

## ❶ 朱太川堤防　三日月湖と氾濫原*

岩内方面から国道229号を寿都町へ向かいます。朱太川にかかる実橋を渡って2.7km進むと、栄橋の手前右側に駐車スペースがあります。ここに車を置いて国道を約250mもどり、朱太川の堤防に続く道に入ります。ここから約300m歩いた地点でまわりの地形のようすを観察しましょう。

堤防の北側には、堤防沿いに西に向かって流れる朱太川が見えます。しかし堤防の南側にも大きな川のようなものがあります。これは南東に400mくらい離れたところで左にくるりと向きを変えて、この先の堤防までもどっているのです（☞p.128地形図）。この川のような湖は、もとは朱太川の河道だったところで、河道がショートカットされて堤防が造られたことで湖になってしまったのです。このような湖を三日月湖といいます。朱太川の下流部には三日月湖やその跡が多いことから、朱太川ははげしく蛇行していたことがわかります。

ところで南から黒松内低地帯を流れてきた朱太川は、実橋を過ぎると急に流れの向きを西に変えているのはなぜでしょうか。寿都湾に向かって広がる低地には海岸線に沿ってなだらかな砂丘があるため、朱太川はこれを避けるように流れているのです。砂丘の内陸側は洪水のときには水があふれやすい氾濫原となり、朱太川ははげしく蛇行していました。このような地形の地域では、大雨などによる水害の発生に特に警戒しなくてはなりません。湯別町地区の朱太川に沿う地域は氾濫原なので、日常的に防災対策を怠らないことが大切です。

## ❷ 樽岸　海岸のハイアロクラスタイト*と岩脈*

国道229号を寿都町市街に向かって進むと、国道が海岸沿いになるところで小さな山二橋を渡ります。山二橋の標識横の護岸に車を置き、300mくらい先まで歩きます。すると岸から35mくらいのところに薪を横に積み上げたような岩が見えます。干潮のときには階段から海岸へ下りて岩まで歩いて行くことができます。

この岩は北西〜南東方向に板状にのびている安山岩*の岩脈の一部が地表に現れたもので、厚さは約2mあります。岩脈の両面から冷やされたため、柱状節理*が水平に発達しています。くわしい研究によれば、寿都湾の沿岸には100本以上の岩脈があり、それらは寿都湾を中心に放射状に広がっているそうです。このことから、地下のマグマ*の突き上げによって地殻*に放射状の割れ目ができ、いくつもの火口からマグマが海底に噴出する海底火山地帯になっていたと推定されています。

▲水平な柱状節理が発達する岩脈（スケールは1m）

▲月越火砕岩層の変質したハイアロクラスタイト

岩脈のまわりの岩石は月越火砕岩*層とよばれる海底火山の噴出物です。安山岩や玄武岩*の溶岩*の角れきとその間を埋めるあらい火山灰*からなるハイアロクラスタイトで、この周辺では堆積後に変質を受けて緑灰色をしています。月越火砕岩層は、かつて寿都湾にあったと考えられる海底火山の噴出物で、寿都湾の沿岸部ばかりでなく、寿都半島もおもにこの火砕岩層でできています。新第三紀中新世の終わりころ（約1600万〜720万年前)、寿都ははげしい海底火山活動の舞台だったのです。

## ❸ 寿都町市街　海成段丘に広がる街

寿都町の市街地は海成段丘の上に広がっています。海成段丘は3段あり、上からM1面、M2面、M3面とよばれています（☞p.128地形図右上)。国道を通り寿都漁港に向かいましょう。国道から右折して道の駅みなとま〜れ寿都の駐車場に車を置き、道道272号まで出て北西に一区画進みます。鉄工所の角から山側へ国道に向かう道を歩いてみましょう。

道はつぎの道路を渡るところからゆるい上り坂になり、上は国道が通る平坦面になります。坂のところは、家が建つ地面の高さが違い、約5mの段差になっています。この段差はいちばん低いM3面の段丘崖(だんきゅうがい)*にあたり、海岸とほぼ平行に住宅の間に続いています。

▲住宅の間に続く海成段丘の段丘崖

国道を渡ると道はまたゆるい上り坂になり、お寺の並ぶM2面になります。寿都町役場や寿都高等学校もこの面の上にあります。左手のお寺を過ぎたところで道を右に曲がり、北西に進みましょう。道の両側の高さを比べると、右側は道路より低く、左側は少し高くなっています。左側は一段高いM1面にあたり、この面には裁判所や寿都小学校があります。一般に段丘面*は、上のものほど形成年代が古く、M1面は約13万〜12万年前の最終間氷期*という温暖な時期につくられたと考えられています。古い段丘は浸食が進んでいるため階段状の地形がわかりにくくなるうえ、盛り土などで宅地造成されると段丘崖のように見えることもあります。このようなときは全体的に建物の水平的な並びや道路の傾斜などを見て段丘面の広がりを追跡するようにしましょう。

## ❹ 矢追町海岸　波食棚(はしょくほう)*に広がる地層

海岸沿いの道道272号を進み、国道に出る手前の二股あたりで海岸のようすを見てください。干潮のときには海岸から130m以上沖まで波食棚が広がり、一面

▲矢追町海岸の波食棚をつくる月越火砕岩層

に月越火砕岩層が現れます。波食棚が縞模様のように見えるのは、噴出したハイアロクラスタイトが斜面を流れるときに角れきが細かくなり、層状に堆積することを繰り返しているためです。

▲波食棚に現れている月越火砕岩層

干潮時に波食棚を歩いてみると、巨(きょ)れきをふくむハイアロクラスタイトは海岸側に多く、沖に向かって地層の上位になり、細かな角れきのハイアロクラスタイトが増える傾向にあるようです。東に向かうと、地層の走向(そうこう)*は北東～南西方向から東西方向に変化しており、ところどころに断層(だんそう)*が見られます。

## ⑤ 弁慶岬灯台横　波食棚の割れ目

弁慶岬の広い駐車場は海成段丘面（M1面）上にあります。灯台横まで行き海岸の景色を見ましょう。

海岸は高さ20m以上の海食崖(かいしょくがい)*になっており、その下には波食棚が広がっています。波食棚には④地点と同様に月越火砕岩層がつくる縞模様が見られますが、それを切るようにいくつもの平行な溝ができています。これは波食溝*とよばれるもので、地層にできた割れ目の軟らかい部分を波が浸食してつくられます。弁慶岬の波食溝は北西～南東方向の節理*が浸食によって広がったものです。地層にこのような一定方向の節理があることは、寿都半島の地殻が広域的な力を受けていたことを示していると考えられています（☞p.93）。

▲弁慶岬の波食棚にできた波食溝（矢印）

▲弁慶岬西の土石流堆積物（スケールは1m）

▲火砕岩を構成する様々な色の火山岩

## ⑥ 弁慶岬西の海岸　はげしい海底火山活動の証拠

いったん駐車場を出て国道を右へ260m進み、右折して砂利道に入ります。130mほど行くと、右手に車が止められる空き地があります。道をもう少し歩いて行くと、海岸に下りる踏み分け道があります。この海岸は、休日ともなると多くの釣り人でにぎわう岩場です。

岩場をつくる地層は⑤地点から続く月越火砕岩層で、角れきが多い部分と細かな岩片*や火山灰からなる部分が何層も重なり、西に約30°傾斜して堆積しています（写真左上）。角れきは大部分が灰色の安山岩ですが、黒色の玄武岩やことなる色の火山岩が多く交じっています（写真右上）。れきの角は少し丸くなっており、斜面に堆積していたハイアロクラスタイトが崩れて、土石流*となってふたたび堆積したものと考えられます。

海岸の波食棚を右手に進むと、地層の下位を見ていくことになります。小さな入り江になっているところでは、波食棚は枕状溶岩*の破片が多いハイアロクラスタイトになっています。この中には溶岩の大きなかたまりがいくつも入り込んでおり、大きなものは直径5mを超えます。なかには縁に放射状節理*をもつものもあります。これらのかたまりは見た目には枕状溶岩に似ていますが、噴出した溶岩がマグマ本体から切り離されて冷え固まったもので、“にせピロー”とよばれます。今立っている場所はまさに、はげしい海底火山活動の現場だったのです。

▶弁慶岬西の海岸に見られる巨大な“にせピロー”（スケールは1m）

## ここもおすすめ!

### 大平海岸　海岸で“宝石”探し

**場所　島牧郡島牧村豊浜、大平川河口**

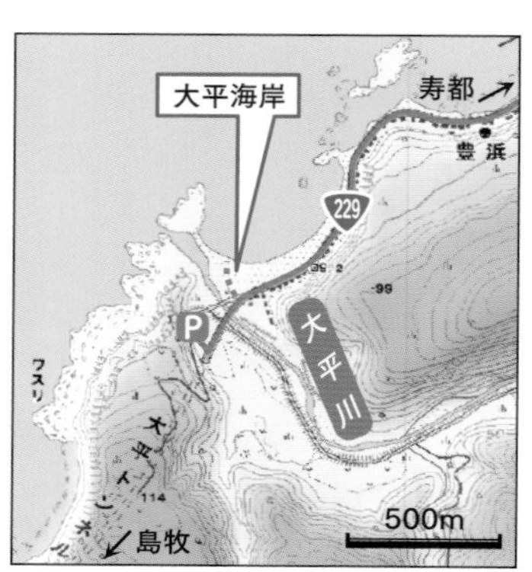


寿都から国道229号を島牧(しままき)方面へ約20km進むと、大平川(おおひらがわ)河口の東側に砂浜が広がっています。新大平橋を渡ると右手が駐車場で、島牧村のキャンプ場にもなっています。大平川の右岸にもどり、旧道から階段を下りて海岸まで行きましょう。海岸の波打ちぎわには、小さなれきがたくさん打ち上げられています。これらのれきは大平川が上流から運んできたものや、近くの崖から崩れてきたものです。ここで石ひろいをしてみましょう。

れきは全体的に黒っぽいものが多く、それらは泥岩*、砂岩*、粘板岩(ねんばんがん)*です。その中に白、赤、緑などのきれいな色をした石英*、チャート*、石灰岩*などを見つけることができます。チャート、石灰岩、粘板岩のれきは、上流の大平山付近に分布するジュラ紀*の付加体(ふかたい)*が起源です。白っぽく半透明で表面がすべすべした硬いれきは玉(ぎょく)ずい*で、微小な石英結晶の集合体です。玉ずいに縞模様があるとメノウとよばれます。これらは火山岩のすき間に入り込んだマグマの熱水から石英の成分が晶出したもので、きれいなものは宝飾品にされています。

▲波打ちぎわに堆積するれき

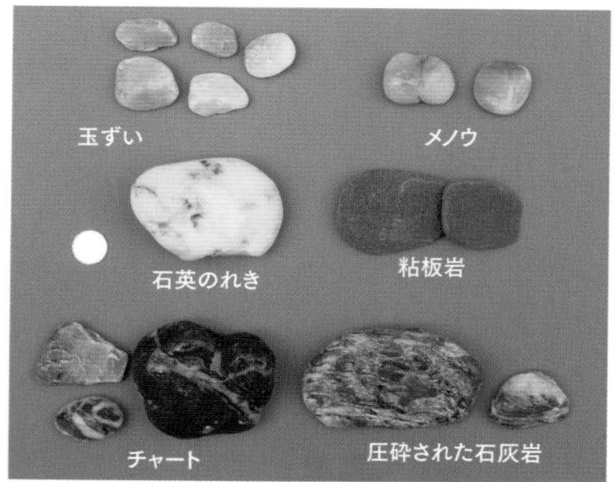


▲採取したれき(火山岩を除く、1円玉は直径2cm)

# 黒松内　黒松内の地層と浅い海の化石

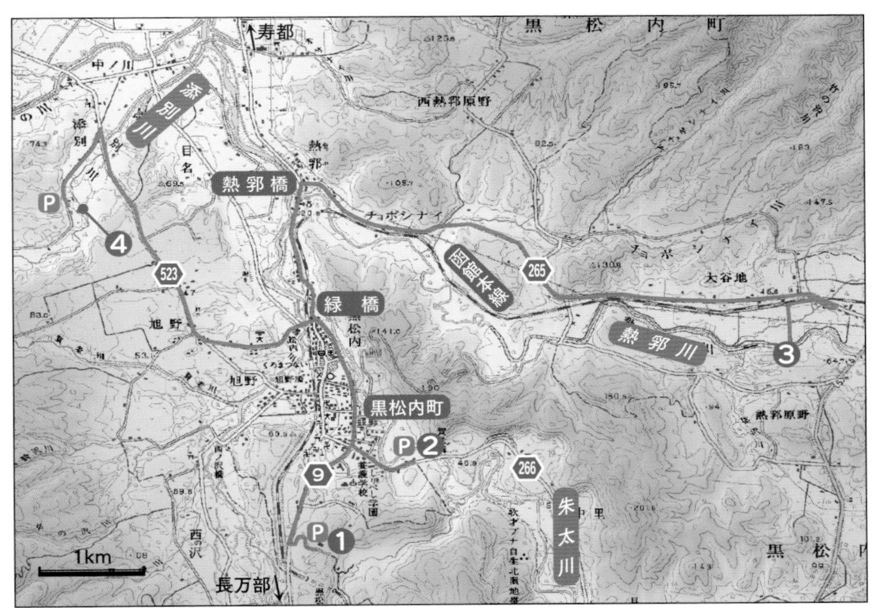


**ルート**　P❶黒松内町ブナセンター→P❷歌才ブナ林駐車公園→❸熱郛川→P ミルクカントリーロード―(5分)→❹添別川河床

**みどころ** 黒松内町市街は、日本海側の寿都から内浦湾までのびる黒松内低地帯の中間に位置しています。この低地帯には、新第三紀*中新世*後期から第四紀*更新世*（こうしんせい）にかけて堆積した地層が広く分布しており、川沿いの崖などで観察することができます。更新世前期～中期のはじめ（258万～約70万年前）ころ、低地帯は浅い海域で、日本海と太平洋をつなぐ海峡のようになっていました。この海に堆積した瀬棚（せたな）層は、たいへん多くの貝などの化石を産出することで知られています。現在、海は退きましたが、低地帯を流れる川沿いには瀬棚層が現れており、手軽に化石採集を楽しむことができます。

洞爺カルデラができたときの大噴火で発生した火砕流がこの低地帯まで達しています。どれほど巨大な噴火だったのか想像してみましょう。

## ❶ 黒松内町ブナセンター　北限のブナ林を知る

▲黒松内町ブナセンター

貝化石の採集に行く前に、黒松内町市街から道道9号を南に進んでブナセンターに立ち寄りましょう。ここでは貝化石の産出地点までの行き方をていねいに教えてくれます。化石の採集道具がなければ貸し出しもしてくれるので、初心者でも安心です。

黒松内は、国の天然記念物に指定されている「歌才ブナ自生北限地帯」があることで知られています。約1万年前に氷河時代が終わって温暖な気候になると、落葉広葉樹であるブナの林が日本列島を北上して分布を広げ、現在は黒松内付近がその北限になっているのです。ブナセンターでは北限のブナ林に関する解説のほか、黒松内町で産出した貝化石やクジラ、カイギュウの化石も展示されているので見ておきましょう。

## ❷ 歌才ブナ林駐車公園　黒松内層の大露頭*

化石採取地点に向かう途中で、右折して道道266号に入り歌才ブナ林駐車公園に寄ってみましょう。

駐車場からは、手前の畑の向こうに大きな露頭が見えます。露頭のすぐ下には蛇行する朱太川が流れており、丘陵地の端が浸食されてこのような崖ができたのです。崖に現れている地層は鮮新世*に堆積した黒松内層の砂岩*やシルト岩*の互層*で、右に少し傾斜しています。



▲駐車公園から見た黒松内層の大露頭

露頭の左上の色の濃い部分は、黒松内層の層理面*が境目で切れていることから、黒松内層を削って不整合*に堆積していることがわかります。双眼鏡で見ると円れきや砂層が堆積しており、朱太川沿いに見られる河成段丘*の堆積物と考えられます。

道道の反対側には、歌才ブナ林の散策路の入口があります。時間があるときは、ブナの純林の中を歩いてすがすがしい気分を味わいましょう。

## ❸ 熱郛川　巨大噴火で発生した火砕流*

道道9号を北に進んで、熱郛橋を渡ったら道路標識の倶知安方面へ右折し道道265号に入ります。約6km進んでこ線橋を渡り終えたところで、右の道に入り、来た方向へ約500m引き返します。そこで左折して畑の中の道を突き当たりまで行くと熱郛川の右岸です。

▲熱郛川左岸に露出する洞爺火砕流
黄色円内は炭化木片*が埋まっているところ

下流の対岸には、高さ12m以下の黄灰色の崖が続いています。川を渡ることはできませんが、対岸から崖のようすを観察しましょう。崖に現れているのは火山灰*の厚い層で、以前は熱郛軽石流*堆積物とよばれていました。その後のくわしい研究により、この火砕流は約11万年前に洞爺カルデラ*から噴出した洞爺火砕流であることがわかりました。黒松内は洞爺カルデラから約45kmも離れていますが、それでも十数メートルの厚さで火砕流が堆積しているのですから、当時の洞爺火山の噴火がいかに巨大だったかがわかります。

注意して見ると、崖のところどころに黒いしみのようなものがあります。これは火砕流に取り込まれた木片が炭化し、崩れて散らばっている部分です。

## ❹ 添別川河床　瀬棚層のおびただしい貝化石

添別川の化石採集地点に行くとき、指定された場所以外に駐車したり、農地に入ってはいけません。川に入るには、増水していなければ長靴で十分ですが、水にそのまま入ってもよい運動靴などの方がよいでしょう。手足をきちんと保護していないと、貝殻でケガをする危険があります。

黒松内の市街地方面にもどります。道道9号を南に進み、朱太川を渡ってから道路標識の島牧方面へ右折します。この先はブナセンターで教えてもらった道順を進みましょう。道道523号から「添別ブナ林」の標識があるところで大きく左折し、約1km進むと右手に草を刈り分けてつくった駐車スペースがあります。

農地わきの指定された小道を進むと添別川の化石採集地点です。川岸は1.5mくらいの崖になっているので気をつけて下りてください。

▲添別川の瀬棚層にふくまれている貝化石のようす

川岸に現れている地層は、瀬棚層の暗灰色の砂岩です。そのなかに白く見えるのは大部分が貝化石です。これだけ多くの化石が埋まっているのですから、当時の海底にはいかに多くの生物が生きていたかをうかがい知ることができます。貝化石の多くは、二枚の殻が合わさった状態のまま埋まっているので、もともとここにすんでいた貝がそのまま化石になったことがわかります。これまでの研究で貝化石は170種以上も見出されており、その多くは寒流が流れる浅い海にすんでいた貝です。

さあ、化石採集を始めましょう。採集を始めると大きな貝殻ばかりに目を奪われがちですが、小さな化石にも注意しましょう。地層の砂は固結していないので、くぎやドライバーで簡単に掘れます。その場で貝化石だけを取り上げようとせず、砂がついたまま貝化石を持ち帰って、水を流しながら歯ブラシでていねいにクリーニングするとよいでしょう。化石が割れてしまったら、破片を袋にまとめておき、乾いてから接着剤で修復しましょう。

次のページ以降にのせた化石は、2時間ほどの1回の採集で採れたものです。根気よく探せば、まだまだ多くの種類の化石を見つけることができます。小さな化石の取り出し方は、豆知識「小さな化石の処理」(☞p.143)を参照してください。

化石の名前を調べるには、実物を写真と見比べるのがいちばんです。ブナセンターのホームページには貝化石の検索表があり、たいへん便利です。検索表は「巻き貝」「二枚貝」「その他」に分かれており、貝の形を選ぶと写真リストが表示されます。それぞれの貝について、細かな特徴や分布、生息場所のくわしい解説がのっています。右のQRコードをスマホで読み取ってみましょう。

貝化石けんさく表

http://bunacent.host.jp/kai_kensaku.html

瀬棚層から採れる化石
〈大きな貝（約2cm以上のもの）〉
左殻
右殻
ばらばらになった
殻を接着したもの
ホタテガイ
放射状の肋の数と形に
バリエーションがある
殻に付着した
コケムシ
成長すると殻
が厚くなる
内側
殻の表面が
はげたもの
エゾワスレ
5cm
欠けた殻
エゾイシカゲガイ
肉食性の貝など
に食べられた跡
内側
内側
ツキガイモドキ
エゾタマキガイ
内側
エゾタマガイ
オオマルフミガイ
イサオマルフミガイ
2cm

〈小さな貝など（約2cm以下のもの）〉
上面　側面
コウダカスカシガイ
上面　側面
エンスイスカシの仲間
スカシガイの仲間
アイヌノハナガサガイ
シロガサガイ
エゾフネガイ
ユキヤナギガイ
キララガイ
エゾヒバリガイ
マメフミガイ
ミツカドカタビラガイ
ヒサゴクチキレガイ
ミヤタクチナワマンジ
チヂミボラの仲間
ニシキエビスガイの仲間
エゾサンショウガイ
ヒラセタマガイ
ハイイロタマガイ
チョウチンガイの仲間（腕足類）
カミスジカイコガイダマシ
1cm

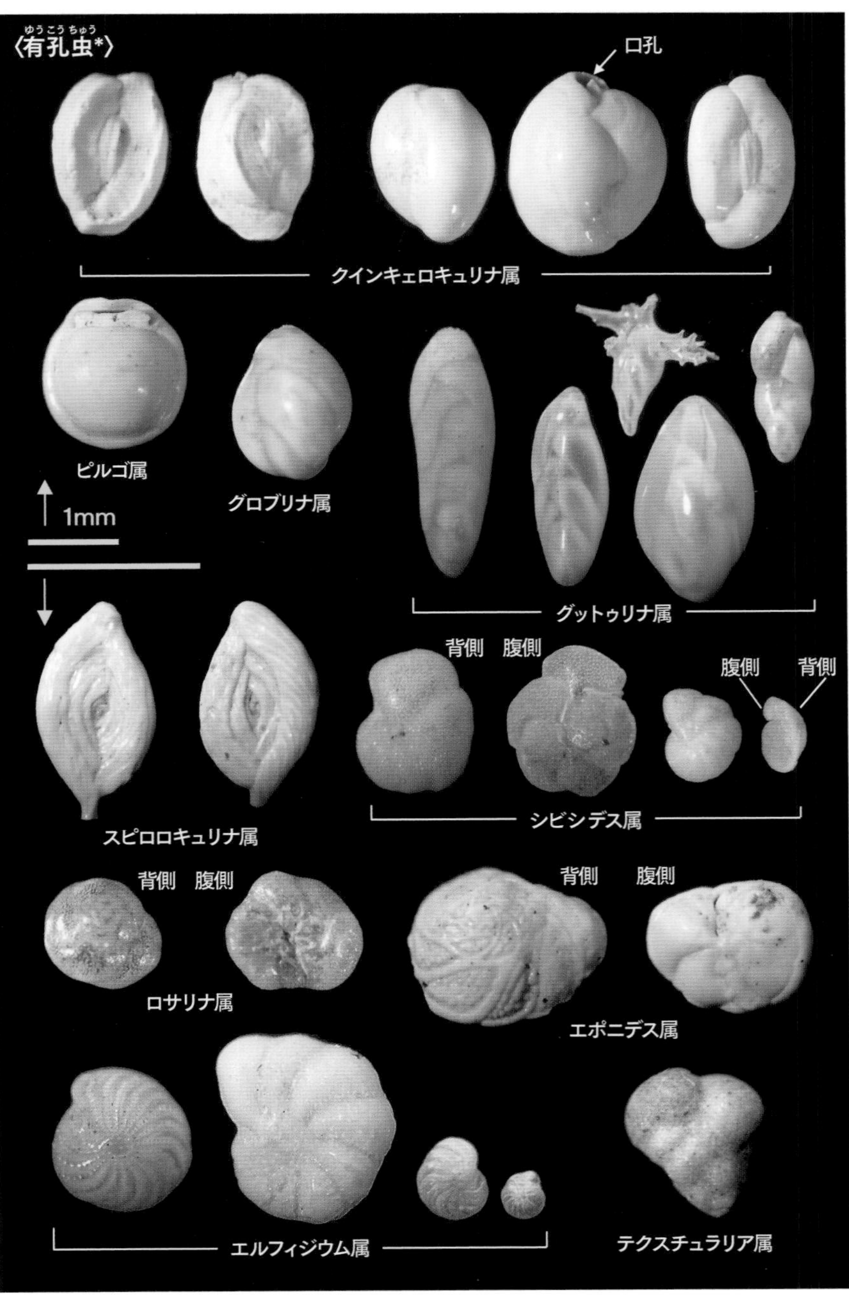
〈有孔虫*〉
口孔
クインキェロキュリナ属
ピルゴ属
グロブリナ属
1mm
グットゥリナ属
スピロロキュリナ属
背側
腹側
腹側
背側
シビシデス属
背側
腹側
ロサリナ属
背側
腹側
エポニデス属
エルフィジウム属
テクスチュラリア属

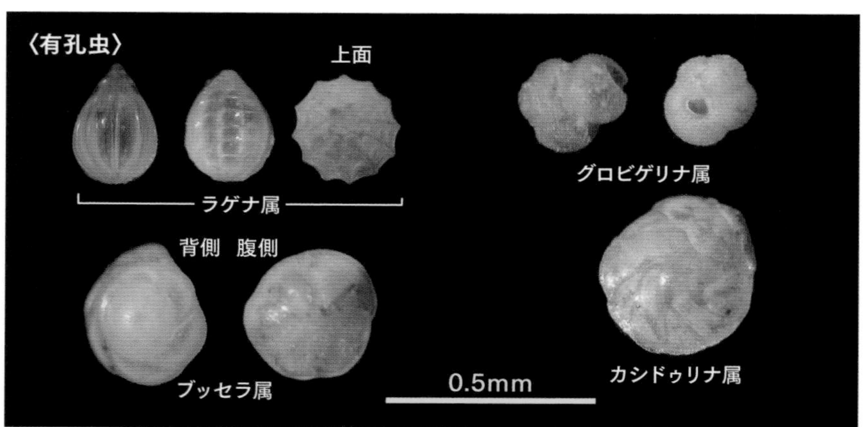

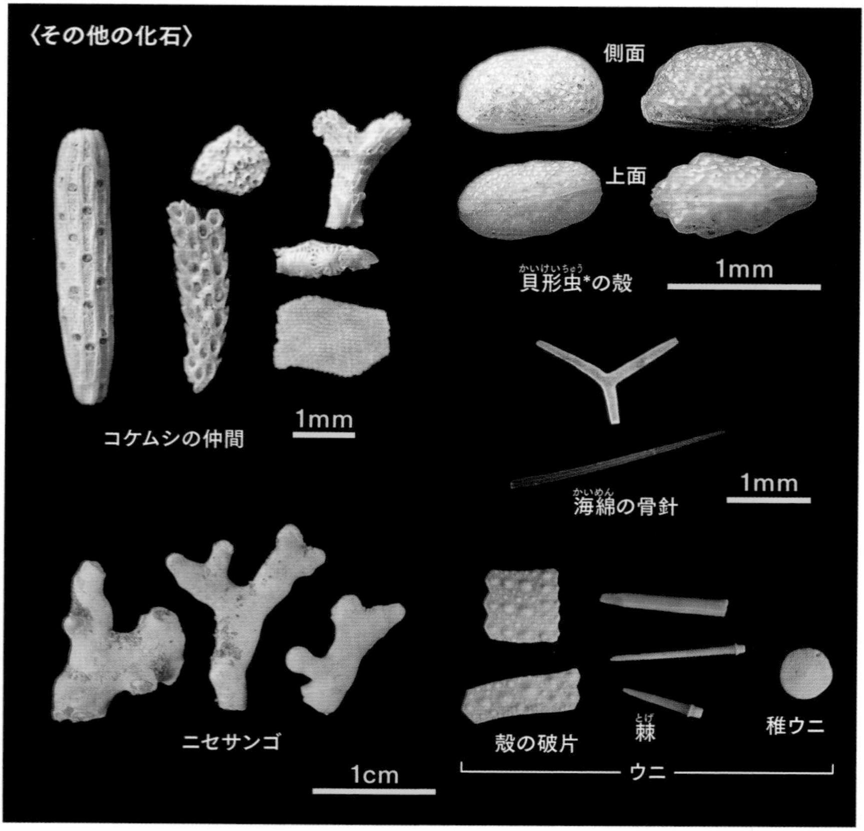

〈その他の化石〉

側面

上面

貝形虫*の殻

1mm

コケムシの仲間

1mm

海綿の骨針

1mm

ニセサンゴ

1cm

殻の破片

棘

稚ウニ

ウニ

## ●小さな化石の処理　取り出し方と保管方法

瀬棚層の砂には、小さな貝や有孔虫*などの化石がたくさんふくまれています。下のような方法で化石を取り出し、観察してみましょう。

①細目のふるいに砂をひとにぎりくらい入れ、バットの上で静かに水をかける。

②ふるいの上とバットに残った砂をそれぞれ別のおわんに入れて乾燥させる。

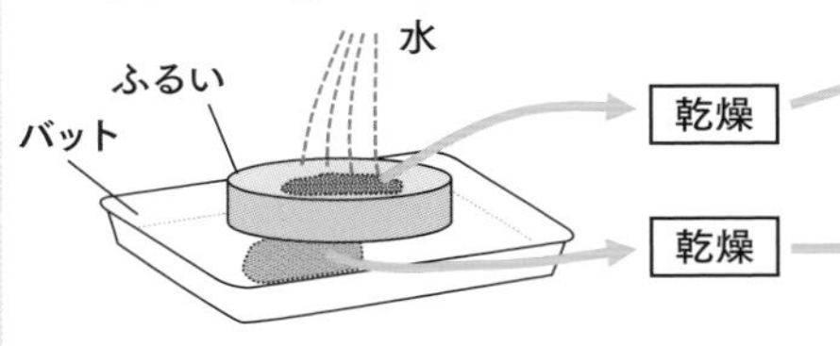


③ふるいの上に残ったものを黒い紙の上に少量のせ、ルーペで見ながらピンセットで化石をひろう。

③片面が黒い小さな厚紙の上に砂を少量広げ、ルーペや双眼実体顕微鏡で見ながら化石を探す。
毛先の細い筆を水で少ししめらせ、毛先で化石をひろう。

注意：ふるいの目に砂をこすると化石が壊れるので、バットの水の中でふるいをゆするようにしましょう。

④ひろい集めた化石は、しきりのついた小さなケースなどに入れて保管する。
化石の写真（p.139〜142）やインターネットの検索表などで名前を調べる。

有孔虫のような小さな化石は、プレパラートを自作しておくと、観察や保管がしやすくなります。

### 〈有孔虫用プレパラートのつくり方〉

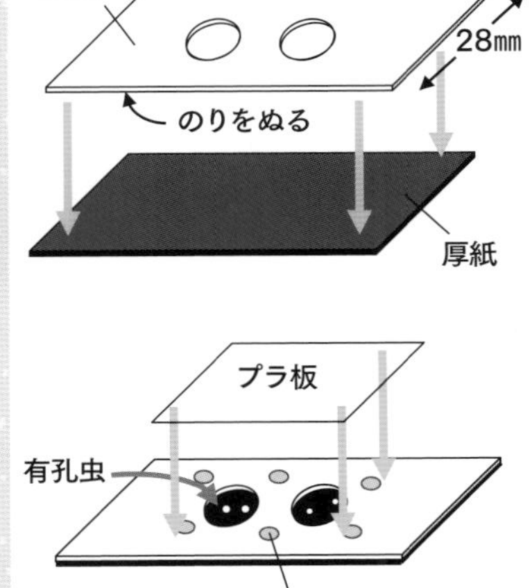


①白い厚紙と片面が黒い厚紙を用意し、プレパラートの大きさに切る。
（生物用プレパラートの場合は26×76mm）
②白い厚紙の中央部分にパンチで穴をあける。
③白い厚紙の裏面にのりをぬり、黒い厚紙にはり合わせ、十分に乾燥させる。このとき穴の中にのりがはみ出ないように注意する。
④毛先の細い筆で有孔虫を穴の中に入れる。
種類ごとにプレパラートを分けるとよい。
⑤穴から少し離れたところに、つまようじで接着剤を少しつける。
⑥うすい透明なプラ板を穴より大きめに切り、静かに穴にかぶせる。つまようじでプラ板をかるくおさえる。このとき、接着剤が穴の中にはみ出ないように注意する。
⑦接着剤が固まったら、プレパラートの端に採取年月日や場所、化石の種類名などを記入する。

# 今金　道南の標準層序を見る

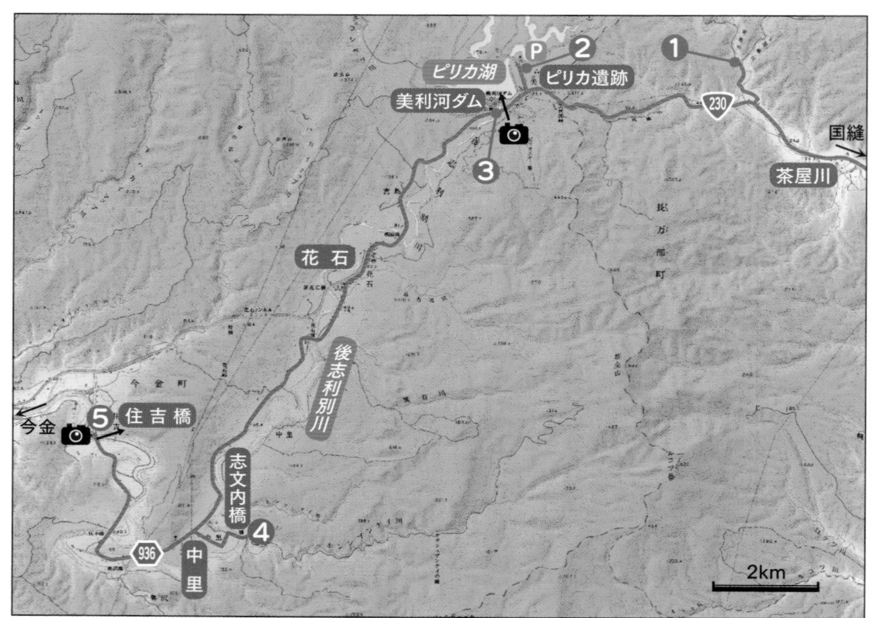


**ルート** 国道230号 → ❶上国縫林道 → Ⓟ❷ピリカ旧石器文化館 → ❸美利河橋 → ❹志文内橋 → ❺住吉橋

**みどころ** 国道230号は、国縫（くんぬい）市街から今金（いまかね）町に向かって渡島半島を横断しています。この沿線には、古くから道南の地質の標準層序（そうじょ）*とされている新第三紀*中新世*中期～鮮新世*（約1600万～258万年前）の地層が広く分布しています。しかし地層の分布が広くても、これらの堆積岩*からなる地層は比較的軟らかく、観察しやすい露頭*は川沿いの大きな崖や河床に限られます。このコースでは車で行きやすい地点を選んでおり、標準層序の中の訓縫（くんぬい）層、八雲（やくも）層、黒松内層をじっくりと観察することができます。

コースの途中にある美利河（ぴりか）ダムは、硬い岩盤のない幅の広い谷に造られた大きなダムです。ダム工事の最中に発見されたピリカカイギュウの復元骨格模型もぜひ見ておきましょう。

▲上国縫林道に見られる訓縫層の凝灰岩の露頭

▲緑色に変質した凝灰岩層(スケールは1m)

### ❶ 上国縫林道　緑色に変質した訓縫層

国縫市街から国道230号を今金方面へ向かいます。茶屋川のバス停から1.9km進んだ右手に無線中継アンテナの鉄塔が立っています。そこで右折して上国縫林道に入り、道なりに約1km進むと上国縫川と茶屋川の合流点に着きます。そこに車を置いて左側の林道を100mほど歩くと、林道沿いに約70mにわたって大きな露頭が続いています。

この露頭に現れている地層は、中新世中期の約1600万年前に堆積した訓縫層です。地層はおもに凝灰岩(ぎょうかいがん)*でできていますが、全体的に緑色になっています。これは地層の変質が進んで緑色の変質鉱物ができているからです。林道の路盤も鮮やかな緑色をしています。この時代の堆積物には同様の特徴的な色を示す地層が多く、緑色凝灰岩、"グリーン・タフ"ともよばれます。

転石*を近くで見ると、変質して濃緑色〜こげ茶色になった軽石(かるいし)*もふくまれています。地層は手前側と林道の奥では傾斜が逆で、全体を見るとゆるく山なりになっています。このような地層の褶曲(しゅうきょく)*を背斜(はいしゃ)*といいます。

### ❷ ピリカ旧石器文化館　旧石器とピリカカイギュウ

国道230号をさらに進み、「ピリカ旧石器文化館」の看板があるところで右折して500m行くと、右側に旧石器文化館の建物があります。文化館には、ここから東の丘陵地に広がるピリカ遺跡で出土した2万数千年〜1万5000年前の旧石器が展示されています。

ピリカ遺跡は、1978年に美利河ダムの建設工事にともなう土質調査を行っているときに発見され、その広がりは約20万㎡におよびます。発掘調査の結果、国内でもめずらしい貴重な遺物が見つかり、重要な遺跡を現状保存するためにダム工事計画も変更され、1994年に遺跡の西側半分が国史跡に指定されました。

▲ピリカ旧石器文化館（入館無料）

旧石器というと黒曜石*製のものを思い浮かべますが、展示されている旧石器は頁岩（けつがん）*製が多くを占めます。これは道南に石器製作に適した硬い頁岩の産地（☞p.69）が多いためで、旧石器人たちは身近で手に入る石材で石器をつくっていたことがわかります。

美利河ダムの工事中に発見されたものがもうひとつあります。それはとなりの文化財保管・活用庫に収蔵・展示されているピリカカイギュウです。1983（昭和58）年、ダムの工事用の取り付け道路から太い骨が発見され、カイギュウの骨と確認されたため、翌年、研究者や町民の手によって発掘が行われました。化石骨の下半身は工事ですでに失われていましたが、道内でも発見例の少ない貴重なものでした。その後10年以上の歳月をかけて骨のクリーニングとレプリカ作製が進められ、復元骨格が組み立てられると、全長が8mもある世界最大級のカイギュウであることがわかったのです。

▲ピリカカイギュウの復元骨格
◀文化財保管・活用庫

なぜ美利河からカイギュウの化石が見つかったのでしょうか。化石をふくんでいたのは約120万年前の地層で、当時この地域は大きなカイギュウがすみつくような海藻の多い浅い海だったと考えられます。この海は日本海と太平洋をつなぎ、そこには寒流が流れ込んでいたようです。またピリカカイギュウは、18世紀までベーリング海で生きていたステラーカイギュウの先祖と考えられています。化石の発見によって、このように当時の環境やカイギュウの進化についてまた新たな知識を得ることができるのです。

▲美利河橋から見た美利河ダム

### ❸ 美利河橋　日本一堤頂が長い美利河ダム

国道へもどり、美利河橋の上から美利河ダムを見てみましょう。美利河ダムは幅広い谷に造られた多目的ダムで、重力式コンクリートダムとロックフィルダムの複合式になっています。まわりの地質に硬い岩盤がなく、後志利別川（しりべしとしべつがわ）をまたいで造らなくてはならないために、このような方式がとられたのです。ダムの堤頂の長さは1480mもあり日本一です。

時間があれば、国道のこの先を右折してダム下まで行き、堤頂まで上ってみましょう。広い谷に水をたたえたピリカ湖を見わたすことができます。西側へ行くと、石積みされたロックフィルダム部分との境目がわかります。

### ❹ 志文内橋　黒松内層の砂岩*

国道を今金方向へ進み、花石で道路標識のところから中里方面へ左折し道道936号に入ります。そこから7.2kmのところで左折し、道なりに1.2km進んで志文内橋を渡ると左に大きな露頭があります。

▲志文内橋で見られる黒松内層の砂岩の露頭

露頭には厚い砂岩層が現れています。ところどころに白くてうすい凝灰岩層もはさまれています。これは鮮新世に堆積した黒松内層で、①地点の訓縫層よりも1000万年以上あとの時代の地層です。この周辺の地層は東西方向に波打つように褶曲しており、この地点と道道との間を通る向斜*軸に向かって、地層は西に約40°で傾斜しています。

▲住吉橋から見た黒松内層と八雲層の境界部

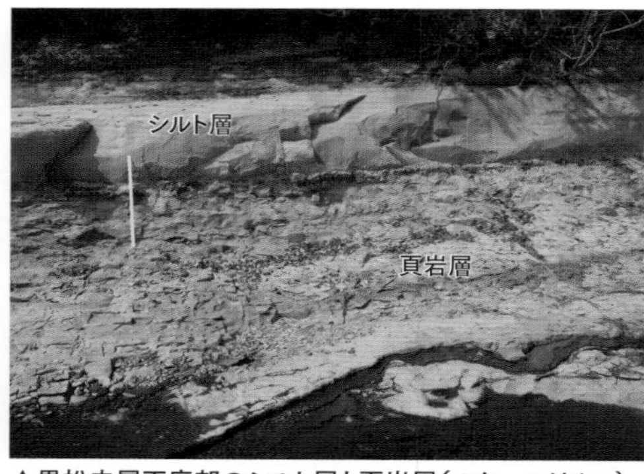

▲黒松内層下底部のシルト層と頁岩層（スケールは1m）

## ❺ 住吉橋　黒松内層と八雲層

注意

**川が増水しているときは、川に下りると危険です。川岸はすべりやすいので近寄らないようにしましょう。**

道道936号をさらに今金方向に進み、後志利別川にかかる住吉橋を渡ったらすぐに右折して、水位雨量観測所の前に車を止めます。

橋の上から上流の右岸側を見ましょう。河床には下流にゆるく傾斜した地層が連続して現れています。手前の地層は暗灰色と明灰色の互層*からなる黒松内層で、上流に見える茶色の細かい縞の地層は八雲層です。この地点は八雲層と黒松内層の境界部にあたるのです。観測所の横にある階段で河床に下りてみましょう。

地層を見ると、河床に下りてすぐのところは暗灰色の凝灰質（ぎょうかいしつ）*砂岩です。その下に明灰色のシルト岩*の地層があります。この2層がくりかえし現れている部分は黒松内層です。少し上流へ行くと、今度は茶色の縞に見えていた硬い頁岩層も現れます。頁岩層は何枚もの地層が重なっており、頁岩層の間にはさらにうすい泥岩*層をはさむ互層になっています。頁岩は割れて破片状になるので、黒松内層とは違うことがわかります。この硬い頁岩は八雲層に特徴的なもので、さらに上流ではシルト層はなくなり、頁岩と泥岩の互層のみとなります。

河床に現れている地層の違いから、どのように地層が移り変わっていったかが読み取れます。地層は下から順に堆積していくので、先に堆積していたのは八雲層です。その海底にシルト層が堆積し始め、しだいにその割合が増して凝灰質の砂層も厚く堆積するようになり黒松内層へと変わっていったのです。このように地層の変わり目では、層相（そうそう）*がしだいに移り変わることもあるのです。

八雲層は①地点で見た訓縫層に重なる地層です。これで道南の標準層序の下から訓縫層、八雲層、黒松内層をすべて観察したことになります。

# 茂津多海岸　断崖に見る火山活動

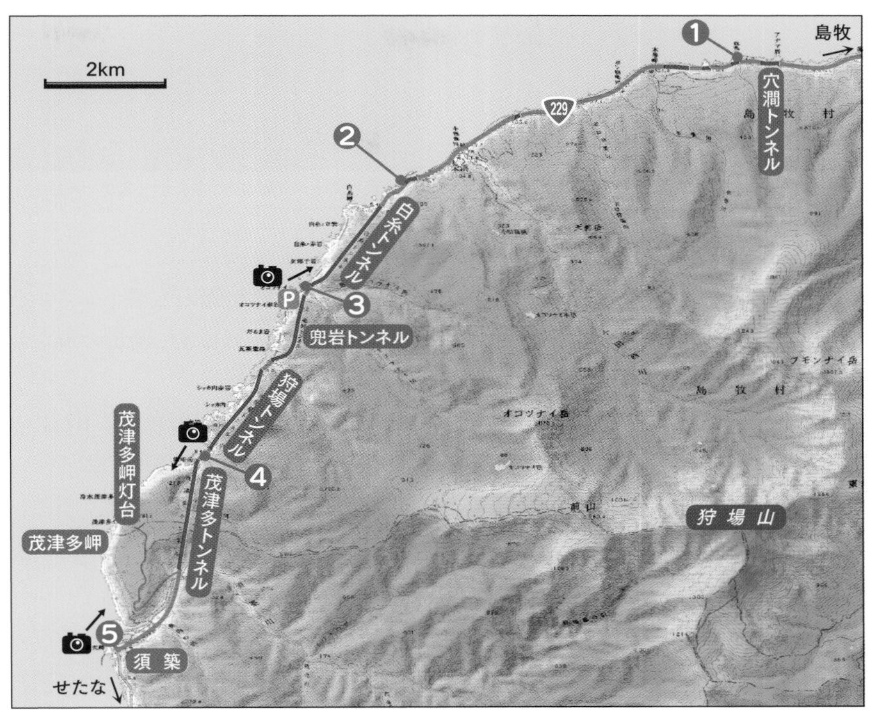


**ルート** 国道229号 → ❶木巻覆道 → ❷第二栄浜漁港西 → Ⓟ❸白糸トンネル → ❹茂津多トンネル → ❺須築漁港

**みどころ** 渡島半島北部の茂津多(もった)海岸は、狩場山(かりばやま)の山裾がそのまま日本海に大きく張り出した地形になっています。この地域に広い平地はなく、人を寄せつけない険しい断崖が続く交通の難所です。切り立った海食崖*は迫力ある絶景をつくり出していますが、一方で崖の崩落が多く事故も発生しています。

これらの崖をつくる厚い地層は、中新世*中期から鮮新世*にかけて堆積した海底火山の噴出物で、海岸の露頭*でははげしい噴火のようすを知ることができます。第四紀*に噴出した狩場山の溶岩*は、山頂部や尾根で土台の地層をおおっていますが、海岸まで達した溶岩のスケールの大きさには驚かされます。

▲枕状溶岩の破片からなるハイアロクラスタイト

▲給源岩脈とハイアロクラスタイト（スケールは1m）

### ❶ 木巻覆道　海底火山噴火の現場

島牧村市街地から国道229号を西へ向かいます。約5km先の穴澗トンネルを抜け、つぎの木巻覆道の手前山側にあるスペースに車を止めます。覆道の端から気をつけて海岸の岩礁に下りましょう。

この岩礁は海側に三角形に突き出ており、ごつごつとした暗灰色の安山岩*の角れきが多いハイアロクラスタイト*が広がっています。れきには節理*のある丸いものもあり、ガスが抜けた気孔がたくさん見られます。このようなれきは、噴出した枕状溶岩*が壊れて堆積したものです（写真左上）。

岩礁の中で、まわりより少しくぼんだところは塊状の溶岩になっています。よく見ると溶岩の縁には黄灰色の急冷縁*があり、それが切れたところでハイアロクラスタイトに移り変わっています(写真右上)。このようなようすから、溶岩はハイアロクラスタイトの給源岩脈*であると考えられます（☞p.110）。ここは海底火山噴火の中心のひとつだったに違いありません。

**茂津多海岸は、風が強いときは干潮時でも岩礁や波食棚の陸側まで波や波しぶきが打ちつけます。このようなときは危険なので海岸には近づかないようにしましょう。**

### ❷ 第二栄浜漁港西　枕状溶岩とポットホール*

国道をさらに約5.5km進んで栄浜トンネルを抜けたところで、少し路肩の広いところに駐車します。第二栄浜漁港の西に広がる波食棚*を観察しましょう。

波食棚には、黒色の玄武岩*の角れきがしき詰められているように見えます。しかし注意して探すと、丸い輪郭をもつ溶岩のかたまりを見分けることができます。これは枕状溶岩です。波食棚は、枕状溶岩とその破片がびっしりと重なる地層でできているのです。ここはまさに海底火山の噴火の中心地です。

ここより南西に続く岩礁には、枕状溶岩の上に西に約30°傾斜する安山岩質のハイアロクラスタイトや凝灰質*砂岩*層の重なりが見られ、枕状溶岩の噴出からこのような地層が堆積する場所に変化していったようです。これらの溶岩や火砕物(かさいぶつ)*からなる地層はオコツナイ層とよばれており、この先の茂津多海岸には連続して露出しています。

▲波食棚に見られるチューブ状の枕状溶岩

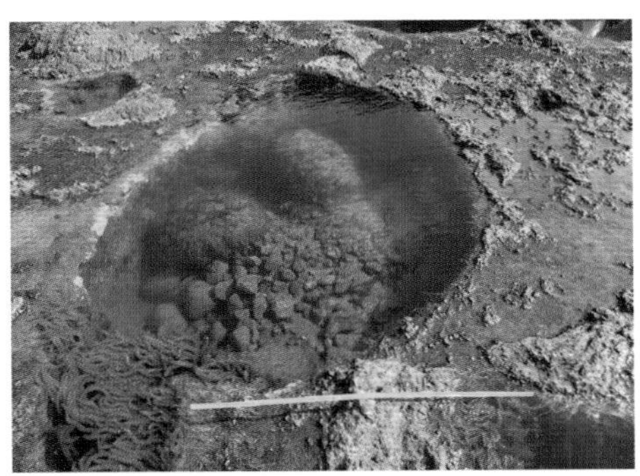
▲波食棚にできたポットホール（スケールは1m）

漁港外側のテトラポッドから70mくらいのところは、波食棚がやや平らで海水が浅くたまっています。ここを歩くと、ところどころに円形のくぼみができていることに気づきます。くぼみの直径は60cm〜2m程度で、くぼみがつながって大きくゆがんだ形になっているものもあります。くぼみの中には、たいていいくつかの円れきがあることから、このくぼみはポットホール(甌穴(おうけつ))と考えられます。くぼみに落ちたれきが波の力で動かされて、穴を大きく削っていったのです。波食棚にできたきれいな円形のポットホールはめずらしいものです。江差の鴎島の「弁慶の足跡」(☞p.93)と比べてみましょう。

## ❸ 白糸トンネル　岩盤崩落の爪痕

白糸トンネルを抜けて海側にある駐車エリアに入ります。そこから振り返ると、白糸トンネルの上に高さ200mもある垂直な崖がそびえています。双眼鏡があれば、ぜひそれで崖の地層を見てください。

じつは、この崖は1997年8月に起きた大規模な岩盤崩落の跡で、崩れた土砂が崖下を通っていた第二白糸トンネルの坑口(こうこう)を押しつぶした事故現場なのです。

崖の地層を見ましょう。全体に現れているのはオコツナイ層です。事故後の調査によれば、最上部は成層したハイアロクラスタイトの再堆積層で、その下は灰色の塊状のハイアロクラスタイトが厚く堆積しています。その下部には軽石凝灰岩*層があり、ここから大雨によると思われる地下水の湧出があったようです。崩れたのは、塊状のハイアロクラスタイトが横に張り出していた部分で、崩落した土砂は4万m³ともいわれます。今も崖下に残る大量の岩塊が崩落の大きさを物語っています。この事故で犠牲者が出なかったのは幸いでした。

▲白糸トンネルの上にそびえる岩盤崩落した崖

今後も崖の周辺では浸食や崩落が続くと考えなくてはなりません。現在の白糸トンネルは、崩落する崖を迂回するために急ピッチで工事が進められ、２年かからずに1999年に竣工したものです。

## ❹ 茂津多トンネル　圧倒的なスケールの狩場山溶岩

白糸第二トンネル事故の後、白糸トンネルに続いて2001年に兜岩（かぶといわ）トンネルが、2002年に狩場トンネルが新しく開通しました。これらの長いトンネルの開通により、茂津多海岸を通る国道の安全性は大きく向上しました。茂津多トンネルの手前にせまい駐車スペースがあるのでそこに車を置いて、海側の旧道跡から景色を見てみましょう。

南の茂津多岬の方には高さが約200mもある大きな崖が見えます。崖の下半部は③地点から続くオコツナイ層のハイアロクラスタイトです。その上に見える大きな岩体*は、

▲オコツナイ層をおおう狩場山溶岩

約70万〜25万年前に狩場山が噴出した安山岩の溶岩で、垂直な柱状節理*が見られます。この溶岩は狩場山の山頂まで続いており、鳥瞰図*を見ると溶岩流が海岸部で傘を開いたように広がっていることがわかります。溶岩流の厚さは末端部で100m以上あり、見る者を圧倒します。崖は崩落が多く、立ち入る道もありません。遠くからの観察にとどめましょう。

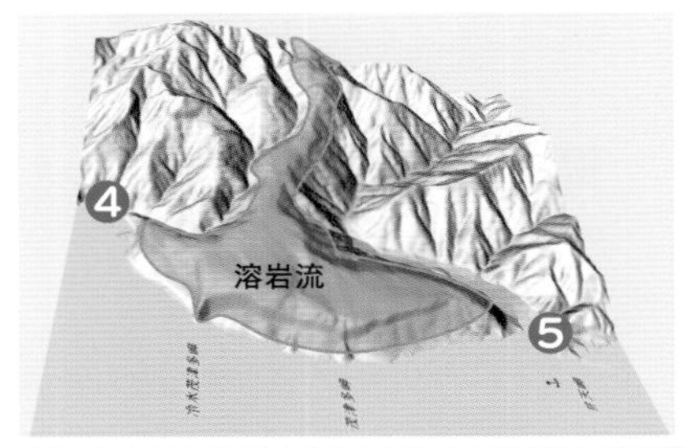

▲西から見た狩場山溶岩の鳥瞰図（高さは等倍）
地理院タイル傾斜量図を3D表示したもの
数字は観察地点

## ⑤ 須築漁港　小山のような狩場山溶岩

茂津多トンネルを通って須築漁港まで行きましょう。須築港線の標識から右折すると、西防波堤のつけ根まで行くことができます。

須築漁港の南西側の岩山は、オコツナイ層のハイアロクラスタイトや溶岩でできています。漁港の北には、こんもりとした小山が見えますが、この全体が狩場山溶岩の末端部です。ちょうど④地点の反対側から溶岩を見ていることになります。垂直な崖には溶岩の柱状節理が現れ、崩落した岩塊が斜面をつくり海岸まで続いています。

この海岸にまで張り出している溶岩の尾根は、長い間せたな方面と島牧方面の往来をさえぎる交通の難所でした。茂津多岬の海岸に道路を通すことは困難なため、往来は船に頼るしかなかったのです。岬をつらぬくトンネルを造ることは、この地域の人々の念願でした。茂津多トンネルは、約5年の歳月をかけた難工事のすえ、北海道の長大トンネルの先駆けとして、1974(昭和49)年に竣工したのです。

茂津多トンネルを抜けてすぐ右手に、「日本一高い茂津多岬灯台入口」の看板があります。細い道を約3km上ると、狩場山溶岩の平坦面に立つ茂津多岬灯台に着きます。平均海面から灯台の塔頂までの高さは290mで日本一です。海をながめながら、この地で起こった火山活動の証拠が断崖に現れていることを思い起こしてください。

▲須築漁港から見た狩場山溶岩の末端部

## ここもおすすめ!

### 賀老の滝　溶岩流がつくった滝

**場 所** 島牧郡島牧村賀老

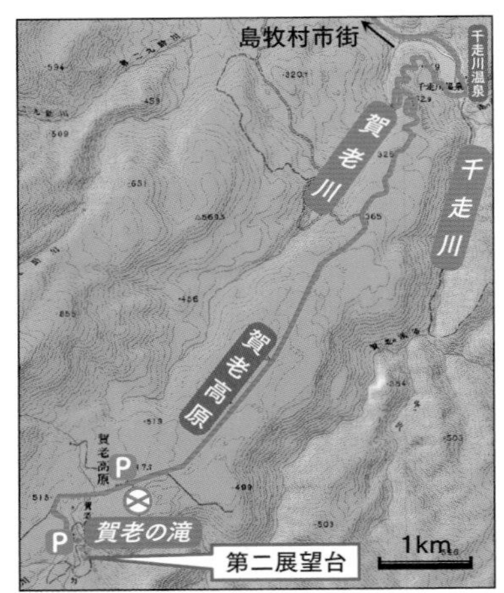


島牧村市街から国道229号を西に進み千走川（ちはせがわ）を渡ると、左手に「賀老（がろう）の滝」の看板が見えます。そこから約6km川をさかのぼっていくと千走川温泉があります。突き当たりのT字路を右折すると、道はカーブの多い急斜面を上ります。この斜面は千走川や賀老川が八雲層の地盤を浸食してできたものです。急斜面を上がりきるとゆるやかで平坦な上りの直線道路になります。この平坦面は狩場山が約25万年前に噴出した安山岩*の溶岩*が流れてできたもので、周辺は賀老高原とよばれキャンプ場にもなっています。

平坦面を約4km進むと広い賀老高原駐車場がありますが、ここから第一展望台へ向かう遊歩道は危険なため通行止めになっています。さらに1km進んでT字路を左折し、トイレのある駐車場まで行きましょう。

ここから遊歩道に入り、昇竜の橋を渡って二股を左に進むと、左に第二展望台があります。展望台といっても、断崖の上にロープが張られているだけなので注意してください。

展望台からは、50m下に賀老の滝と柱状節理*のある絶壁が見えます。この崖が賀老高原の平坦面をつくっている狩場山溶岩の断面です。千走川が溶岩の崖を流れ落ちているところが賀老の滝なのです。

▲第二展望台から見た狩場山溶岩と賀老の滝

# せたな　“杉”になった岩脈群

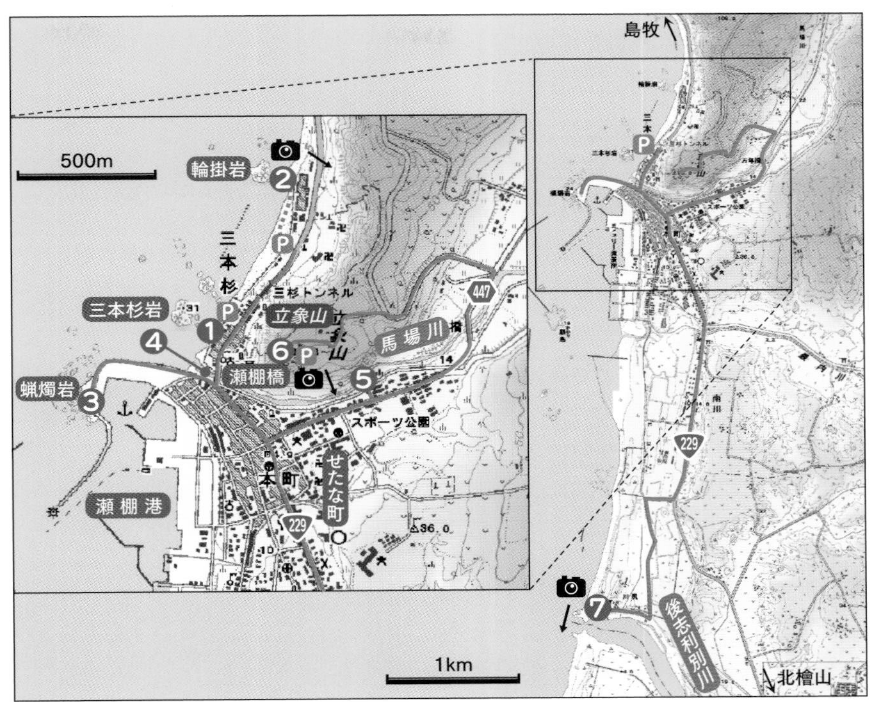


ルート　P❶三本杉岩→P三本杉海水浴場―5分→❷輪掛岩→❸蝋燭岩→❹馬場川防潮水門→❺馬場川→❻立象山展望台→❼後志利別川河口

みどころ　せたな町の海岸には三本の岩塔からなる有名な三本杉岩があります。この周辺には三本杉岩のほかにも岩塔がいくつもあり、これらは中新世*中期～後期（1200万～1000万年前ころ）に地層に貫入（かんにゅう）した岩脈*とされています。それぞれの岩をよく観察すると、岩ごとに形や節理*の入り方がことなり、岩脈の貫入の仕方に違いがあることをうかがわせます。

せたな町には海成段丘*が発達しています。キャンプ場のある立象山（りっしょうざん）も海成段丘で、展望台からはさえぎるものなく周辺の地形を見わたすことができます。せたな町は三本杉岩と夕陽以外にも見どころ満載です。

## ❶ 三本杉岩　海岸に突き出た岩塔

▲岩脈に見られる放射状節理（黄色点線）と同心円状の模様

国道229号を通り、せたな町市街の北を流れる馬場川を渡ると、左に駐車場があります。防潮堤の間を抜けると目の前に三本杉岩が現れます。

岩はどれも先がとがった形をしていて、高さは約30mあります。これらの岩は地層をつらぬいてきた玄武岩*の岩脈で、波による浸食でまわりの地層はなくなり、岩脈自体も大きく形が崩れて硬い部分が残っているのです。岩には岩脈が冷え固まるときにできた節理が発達しています。

左側の二本の岩を近くで観察しましょう。岩にある節理の方向をたどると、放射状になっているように見えます。おそらく二つの岩は、もとは横倒しになった一つの岩脈で、その中心部が浸食されて二本に分かれたと考えられます。よく見ると、うすい色をした同心円状の縞模様もあることがわかります。

## ❷ 輪掛岩（わっかけいわ）　シルト*層をつらぬいた岩脈

▲輪掛岩の海岸側に見られる節理の断面

三杉トンネルを抜けると左に三本杉海水浴場の広い駐車場があります。三杉トンネルが通る岩山も大きな岩脈です。駐車場から海岸の砂浜に出て、北に見える輪掛岩まで行きましょう。輪掛岩は、干潮のときは長靴で岩のすぐ下まで行くことができます。

輪掛岩も三本杉岩と同時期に貫入した岩脈です。岩の表面には多角形をした節理の断面がはっきりと現れているので、節理は水平方向にできているのでしょう。航空写真で輪掛岩を上から見ると、岩は楕円形で中心から放射状節理*

▲馬場川層をつらぬく岩脈群

▲砂浜に光る黒雲母の粒（光る点はほとんど黒雲母）

が発達しています。このことから輪掛岩はほぼ垂直に貫入してきた岩脈であることがわかります。

海面近くを見ると、岩脈がシルト層と接しているところがあります（☞p.156写真下）。岩脈に急冷縁*のようなものはなく、少し角れき化しています。シルト層は海岸の浅瀬に広がっており、岩脈はシルト層の上にのっているようです。

陸の方を見ると、三本杉岩と似た形の岩脈がそびえています（写真左上）。まわりの崖は馬場川層とよばれる火砕岩*の地層で、岩脈はこの地層に貫入しながらまわりに火砕岩を堆積させていったと考えられます。せたなの海岸は、このように火砕岩層をつらぬく多くの岩脈があることから、約1000万年前には、はげしい海底火山活動がくり広げられていた地域だったことが想像できます。

駐車場にもどるときに、砂浜の波打ちぎわを見てください。光を反射して金色に光る粒がたくさんあり、筋模様をつくっています。光っている鉱物は黒雲母（くろうんも）*で、1〜2mmの大きさです。この黒雲母はどこから運ばれてきたのでしょうか。馬場川層には黒雲母をふくむ地層やれきはありませんが、馬場川層をおおう北檜山（きたひやま）層群の中には、黒雲母をたくさんふくむ軽石凝灰岩*があります。川の上流で浸食された凝灰岩*から軽くてうすい黒雲母が海まで運ばれ、砂浜に堆積しているのでしょう。

## ❸ 蝋燭岩（ろうそくいわ）　両側面から冷やされた岩脈

来た道をもどり、馬場川を渡ったところで右折して瀬棚港に向かいます。防波堤に沿って進むと、岸壁に突き出た蝋燭岩の前まで行くことができます。落石の危険があるので、少し離れて観察しましょう。

蝋燭岩は高さ24mで厚い板のような形をした岩脈です。この形は節理の入り方にも影響しています。漁港に面している壁には四角〜六角形の柱状節理*の断面が現れていますが、北側は岩脈の縦断面で、水平な柱状節理が積み重なっています。注意して見ると、柱状節理は横に連続しているわけではなく、岩脈の中央部はブロック状になっています。これは岩脈が冷やされてできる節理が両側面から内部にのびてきて、中央部で乱れた結果のように思われます。

▲岩脈の節理を立体的に観察できる蝋燭岩

崩れている岩石を手に取って見ると、暗灰色の玄武岩で、輝石(きせき)*や斜長石(しゃちょうせき)*の細かな結晶がきらきらしています。三本杉岩も輪掛岩もこれと同じ岩石でできています。蝋燭岩は、岩脈の形状と節理の関係を立体的に観察できるよい露頭*です。

### ❹ 馬場川防潮水門　町を守る津波対策の施設　解説板

国道へもどるときに、馬場川を横切るように造られている三つの塔のようなものを見ましょう。瀬棚橋を渡って右岸側に駐車スペースがあります。

▲馬場川河口に造られた防潮水門

この施設は防潮水門といい、1993年7月に発生した北海道南西沖地震*をきっかけに造られました。この地震が発生したとき、津波が馬場川をさかのぼり大きな被害を出したのです。水門はふだん開いていますが、大きな地震が発生したり津波注意報・警報が出されたときにはすぐに閉まるしくみになっています。この水門に限らず、道南の日本海側で海食崖*にいくつもの避難階段が造られているのは、地震の津波による被害を受けた教訓を生かしたものなのです。

▲馬場川の右岸に見られる馬場川層の凝灰角れき岩（断層を境に地層の傾斜が変化している）

## ❺ 馬場川　岩脈につらぬかれた地層

瀬棚橋から300m進んだところで左折し、道道447号に入ります。右手に三杉球場の建物が見えるところで左折し、突き当たりの馬場川の土手道に上がります。対岸の崖に露頭が見えています。

露頭に現れている地層は馬場川層の凝灰角れき岩*です。海岸の岩脈群はこの地層に貫入しているのです。地層の層理面*に注意すると、下流では水平または下流側に傾斜していますが、少し上流に行くと地層は上流側に傾斜しています。傾斜が変化している間には、垂直な灰色の層があり、崖の斜面も少しくぼんでいます。これは断層*で、断層を境に地層の傾斜が変わっているのです。

## ❻ 立象山展望台　せたな周辺の大パノラマ

道道447号をさらに進み、馬場川を渡って250mのところに「せたな青少年旅行村」の看板があります。そこを左折して、右カーブの先でもう一度左折し、キャンプ場を過ぎて道なりに突き当たりまで行くと立象山展望台です。

▲立象山展望台から南側の展望

展望台やキャンプ場はなだらかな平坦地にあり、海成段丘の高位段丘面*とされています。標高約100mの展望台からは、さえぎるものなくまわりの景色を見わたすことができます。東の海岸には三本杉岩と瀬棚港が見えます。北には段丘面上に立つ多くの風車の奥に狩場山がそびえています。南にはせたな町の市街地が広がりますが、砂丘と段丘崖*にはさまれた低地に限られていることがわかります。瀬棚中学校を目印にして、写真（☞p.159写真下）と見比べながら地形を確かめてください。

### ❼ 後志利別川河口　海岸に連なる大砂丘

国道229号を南に進み、右手にコンクリート工場が見えたら、工場から550m過ぎたところで右折します。突き当たりを左折して後志利別川の堤防の上まで行き、右折すると海岸の砂丘です。せたな町の海岸には砂丘が発達しており、瀬棚港付近から南の鷹ノ巣(たかのす)岬まで約8kmも続きます。砂丘はところどころで大きく削り取られ採砂が行われています。この地点の砂丘の砂は、河口に近いためか粒がかなりあらくなっています。

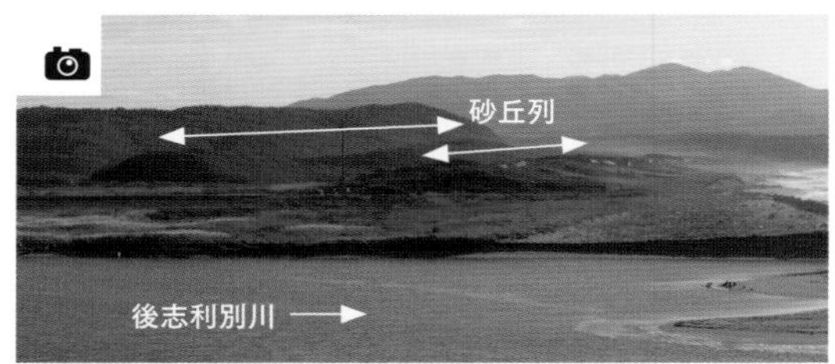

▲後志利別川の対岸に見られる砂丘列

砂丘のいちばん高いところに上がると、すぐ南に後志利別川の河口があります。対岸にも砂丘が見えますが、よく見ると砂丘は2列になっています。地質図には3列の砂丘があり、形成時期は内陸のものほど古いようです。

道内の平野部の海岸では、約6000年前の縄文海進*が終わったあと、海岸線が退いていくときにつくられた砂丘列があることが知られています。せたなでも後志利別川に沿って今金付近まで海が入り込み、深い入り江になっていたと考えられています。せたなの3列の砂丘も縄文海進の海が退いていくときにつくられたのかもしれません。くわしい研究が待たれます。

後志利別川の河口右岸の海に面したところに岩礁があります。岩礁は約60mの範囲に露出しており、ブロック状の節理が入った玄武岩でできています。この岩は三本杉岩と同時期のものと考えられ、玄武岩マグマ*の活動が広い範囲にわたっていたことがわかります。

1億5000万年前　1億年前　2000万年前　1000万年前　現在

先白亜紀　白亜紀　新第三紀　第四紀

# 太櫓・鵜泊海岸　時代のことなる地質

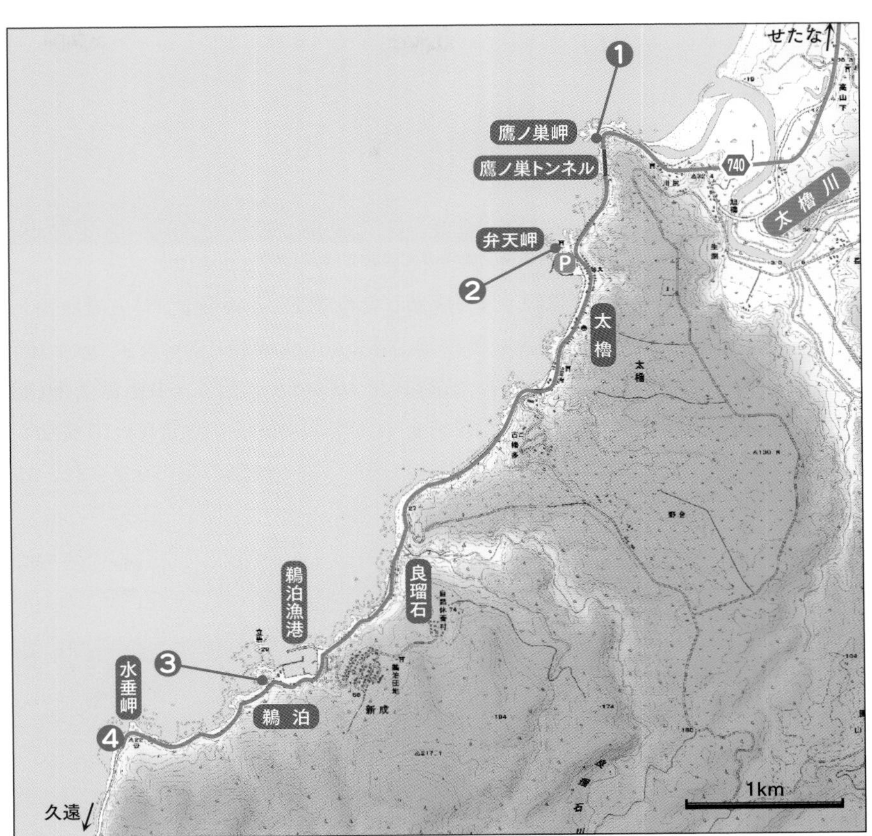


**ルート** 道道740号 → ❶鷹ノ巣岬 → Ⓟ❷弁天岬 → ❸鵜泊 → ❹水垂岬

**みどころ** せたな町市街の南を流れる太櫓(ふとろ)川河口の南に続く太櫓から鵜泊(うどまり)にかけての海岸には、新第三紀*中新世*から中生代*ジュラ紀*まで、短い距離の間に時代のことなる地層が露出しています。特に花(か)こう閃緑岩(せんりょくがん)*の大きな岩体*に堆積岩*が接触してできた変成岩*は迫力ある産状で、地殻*の中でマグマ*の動きがまわりの地質に大きな影響をおよぼしたことがわかります。海岸の崖や岩礁の地質の変化から、それらができた時代の違いを感じ取ってみましょう。

## ❶ 鷹ノ巣岬　厚く堆積した火砕岩*

▲鷹ノ巣岬の火砕岩の露頭（スケールは1m）

太櫓川を渡り、道道740号を進んで鷹ノ巣岬を左に曲がると、右手に旧道があります。旧道の車止めの前に車を置いて少し中へ入ると、右手に露頭*があります。

露頭は高さ6mほどで、下部は大きな安山岩*の岩塊をふくんだ火山角れき岩*、上部はうすく成層したれき交じりの凝灰岩*や凝灰角れき岩*です。これらの火山起源の堆積物は、まとめて火砕岩といいます（☞p.107 豆知識「様々な火砕岩」）。鷹ノ巣岬の火砕岩は太櫓層とよばれ、中新世前期（約2300万〜2000万年前）の地層とされています。当時は海底で活発な火山活動があったことがうかがえます。地層は海岸の岩礁やトンネル横の崖にも見られ、ゆるく陸側に傾斜しています。

## ❷ 弁天岬　太櫓層の安山岩溶岩*

▲弁天岬の安山岩溶岩に見られる板状節理（黄色点線に平行）

道道を①地点から南へ800m進むと、右手に鵜泊太櫓漁港へ向かう道があります。右折して漁港へ下り、Uターンして奥まで行くと、赤い祠の建つ岩山があります。岩山の階段を上ると弁天岬が見えます。

祠のある岩山は弁天岬の岩礁と同じ岩石でできています。岩石の表面を見ると、白い斜長石*の結晶が多く、有色鉱物*が点在する灰色の安山岩です。この安山岩は太櫓層が堆積しているときに噴出した溶岩で、海岸の岩礁には溶岩が固まるときにできた平行な板状節理*が見られます。

### ③ 鵜泊　ホルンフェルス*の岩塊

道道をさらに進み、鵜泊漁港を過ぎて道路の両側が切り割りになっている左カーブの先の右側に車を止めます。そこから海岸に下りて右へ進むと、岩塊が積み重なる岩場になります。

▲鵜泊海岸のホルンフェルスの岩塊（スケールは1m）

この岩塊は岬の崖から崩れてきたもので、白ないし茶色と黒の縞模様になっていることが特徴です。この岩石はチャート*や砂岩*、泥岩*などが熱による変成を受けてできたホルンフェルスというとても硬い岩石です。もとの堆積岩は太田海岸にも分布するジュラ紀の付加体*と考えられています（☞p.113「太田海岸」コース）。鵜泊海岸では、この地質の分布はここから良瑠石までの約1.5kmの範囲に限られ、ここはその西端になります。海の方をながめると、すぐそばに白っぽい岩礁が続いています。これは花こう閃緑岩の大きな岩体の一部で、約1億1400万年前に付加体に貫入してきたものです。付加体の堆積岩を熱で変成させたのは、この花こう閃緑岩の岩体と考えられます。

ホルンフェルスをくわしく観察しましょう。黒い縞のもとは泥岩で、黒雲母*、角閃石*、ザクロ石*などの鉱物ができています。白い縞のもとはチャートや砂岩で、うす茶色の大きな石英*の結晶が目立ちます。はげしく縞模様が褶曲*しているホルンフェルスは、もとは層状チャートと思われます。

▲白い縞にできている石英の大きな結晶

▲はげしく褶曲したホルンフェルス（スケールは1m）

▲水垂岬の花こう閃緑岩の岩礁

## ❹ 水垂岬(みだれ)　地層に貫入した大きな岩体

③地点から水垂岬に向かうと、海岸には白い岩礁が続いています。水垂岬は、南北に約8kmもの大きさがある花こう閃緑岩の岩体の北端にあたり、それが海岸の岩礁に現れているのです。注意して見ると、岩礁の多くは四角い形に割れています。これは、地下にあった岩体が地表に現れて圧力が解放され、方状節理*ができているためです。

岬を回りきった海側に退避スペースがあるので、そこに車を置き、少し岬の方へもどると階段で海岸に下りられます。

海岸は花こう閃緑岩のれきでしき詰められています。大部分は角れきですが、波の浸食を受けて角が少し丸くなっています。岩石の表面をくわしく観察しましょう。たくさんある黒い柱状の結晶は角閃石で、大きなものは5mm以上あります。白い部分の多くは斜長石です。角閃石も斜長石も特定の平面で割れやすい劈開(へきかい)*という性質があり、劈開面が現れているものはきらきらと光を反射します。

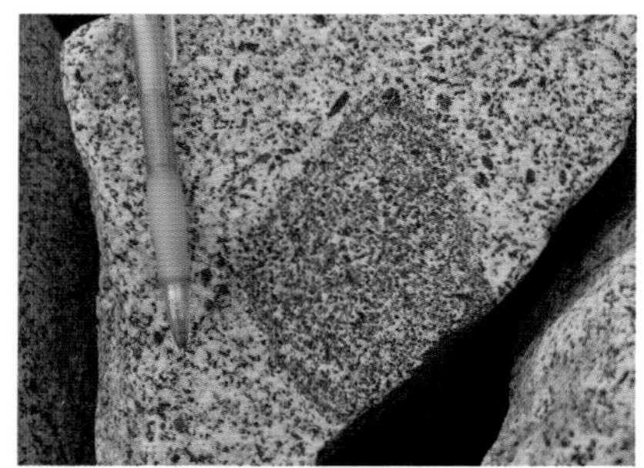

▲花こう閃緑岩中の暗色包有物

岩石の中には、暗色の包有物も見られます。これはマグマだまり*の中で晶出した有色鉱物が密集している部分があることを示しており、その断片が取り込まれたものと考えられます。

花こう閃緑岩は深成岩(しんせいがん)*です。地下深くでゆっくり冷え固まったマグマの岩体が隆起(りゅうき)*して地表に現れるまで、じつに1億年以上かかっているのです。

【あ】

**アプライト**　花こう岩や閃緑岩の岩体に岩脈状に産出する白っぽい岩石。ほとんど長石・石英の結晶からなり、多少の黒雲母などの有色鉱物をふくむ。

**アルカリ長石（あるかりちょうせき）**　長石の中でカリウム・ナトリウムを主成分とするもの。岩石をつくる主要な鉱物のひとつで、花こう岩質岩では淡いピンク色を示すことがある。

**安山岩（あんざんがん）**　地下のマグマが地表やその近くで冷えてできた火山岩の一種。斜長石、輝石、角閃石、石英などの鉱物が斑状組織をつくる。日本の多くの火山や貫入岩でよく見られる。

**遠洋性堆積物（えんようせいたいせきぶつ）**　陸地から遠くはなれた深海底に堆積した堆積物。放散虫、ケイソウ、有孔虫などの遺骸や粘土、細かな火砕物などからなる。

**黄鉄鉱（おうてっこう）**　硫化鉱物の一種。化学式は$FeS_2$。真ちゅう色の金属光沢を示し、さいころ状の結晶となることが多い。熱水変質を受けた岩石によく見られる。

**温泉（おんせん）**　その土地の年平均気温より高い水温をもつ湧水。法的には、水温が25℃以上、溶存成分を1g/kg以上ふくむなどの条件を満たすものをいう。25℃未満の湧水は冷泉という。

【か】

**貝形虫（かいけいちゅう）**　二枚貝のように体が左右二枚の石灰質の殻に包まれた微生物。カイミジンコともよばれる。淡水から海水まで、ほとんどの水域に生息している。

**海食崖（かいしょくがい）**　波による浸食でつくられた海岸の崖。はじめは海面近くに波食窪（ノッチ）がつくられ、くぼみが深くなるとその上部の岩が崩れて切り立った崖となる。

**海水準（かいすいじゅん）**　陸地に対する海水面の高さのこと。地域的な地盤の運動や氷河時代などの全地球的な気候変化により上下に大きく変動することが知られている。

**海成段丘（かいせいだんきゅう）**　海岸線に沿って分布する階段状の地形。海水面の低下や地盤の隆起により平坦な海底面が陸化してできる。段丘面を縁取る段丘崖は、もとの海食崖である。

**角閃石（かくせんせき）**　岩石をつくる鉱物の一種。肉眼では濃緑色〜黒色の柱状に見える。長軸に平行な平面で割れやすい性質（劈開）がある。

**花こう岩（かこうがん）**　マグマが地下深くでゆっくりと冷え固まってできた深成岩の一種。おもに石英、長石、黒雲母などの大きな結晶が等粒状組織をつくる。御影石（みかげいし）ともよばれる。

**花こう閃緑岩（かこうせんりょくがん）**　花こう岩と閃緑岩の中間の組成をもつ深成岩の一種。花こう岩よりも斜長石や角閃石の割合が多い。

**火砕岩（かさいがん）**　火山活動で生じた火山岩塊、火山れき、火山灰などが固結した岩石。火山砕屑岩ともいう。（☞p.107豆知識「様々な火砕岩」）

**火砕サージ（かさいさーじ）**　火山の噴火で生じる水平方向に広がる密度の低い爆風。堆積物は地表に沿ってうすいラミナが何層も重なる。

**火砕物（かさいぶつ）**　火山の噴火で地表に放出された軽石、火山灰、岩片などの噴出物の総称。火山砕屑物ともいう。

**火砕流（かさいりゅう）**　火山が噴火したとき、火山灰や軽石・岩石などが水蒸気やガスとともに高速で地表を流れ下る現象。大規模な火砕流噴火の後にはカルデラを生じることがある。

**火山角れき岩（かざんかくれきがん）**　おもに直径64mm以上の火山岩の角れきでできている火砕物が堆積、固結したもの。（☞p.107豆知識「様々な火砕岩」）
**火山弾（かざんだん）**　火口から放出されたマグマの破片が、空中を飛行する間に特定の形やつくりをもつようになったもの。水中の場合は岩塊の表面が急冷縁でおおわれる。
**火山灰（かざんばい）**　火山噴出物のうち、大きさが2mm以下のものすべてをさす。
**火山れき凝灰岩（かざんれきぎょうかいがん）**　おもに火山灰と火山れきからなる火砕岩の総称。（☞p.107豆知識「様々な火砕岩」）
**荷重痕（かじゅうこん）**　水をふくんだ泥層の上に流動性のある砂層が堆積したとき、わずかな荷重の差で砂が泥層に沈んだり、泥がすき上げられてできる堆積構造。底痕の一種。
**河成段丘（かせいだんきゅう）**　川に沿って分布する階段状の地形のこと。地盤の隆起や海水準の低下で川の浸食力が復活することによってできる。一般に高い段丘ほど形成時期が古い。
**化石床（かせきしょう）**　化石層の中で、貝化石などがはき寄せられたように厚く密集する部分。
**活火山（かつかざん）**　過去およそ1万年以内に噴火した火山、および現在活発な噴気活動のある火山。日本列島には現在111の活火山があり、全世界の活火山の約7%が集中している。
**活断層（かつだんそう）**　第四紀（おもに後期）に地殻変動をくりかえしている断層。将来も活動する可能性があり、地震による被害が想定される。
**滑落崖（かつらくがい）**　地すべりの斜面の上部で、もとの地表からずり落ちた部分が崖となっているところ。
**軽石（かるいし）**　空中に噴出したマグマが固まるときに、ガスが抜けてたくさんの孔が開いた白っぽい石。必ずしも水に浮くわけではない。
**軽石凝灰岩（かるいしぎょうかいがん）**　軽石を多くふくむ凝灰岩または火山れき凝灰岩。
**軽石流（かるいしりゅう）**　→火砕流
**カルデラ**　直径1kmを超えるような火山性の円形のくぼ地。火山の爆発や噴火後の山体の陥没（かんぼつ）などによってできる。多くは急な崖（外輪山）で囲まれる。スペイン語で「大鍋」の意味。
**間歇泉（かんけつせん）**　周期的に蒸気や熱水を噴き上げる温泉。
**完新世（かんしんせい）**　新生代第四紀の中のもっとも新しい地質時代。1万1700年前から現代。
**岩屑なだれ（がんせつなだれ）**　マグマの貫入や水蒸気爆発、地震などにより火山体の一部が崩壊し、地塊がなだれのように流れ下る現象。堆積物にふくまれる大きな地塊は流れ山地形をつくる。
**岩体（がんたい）**　ある一定の性質をもつ岩石のまとまり全体をさしていう。
**岩脈（がんみゃく）**　地下からほぼ垂直に上がってきたマグマが冷えて固まってできた岩体。多くは板状にのび、岩体の壁から垂直な節理が発達する。
**岩片（がんぺん）**　堆積物中の岩石の細かなかけら。
**輝石（きせき）**　岩石をつくる鉱物の一種。火成岩には普通にふくまれており、肉眼では茶色ないし濃緑色の短～長柱状に見える。斜方輝石、単斜輝石などの種類がある。
**逆断層（ぎゃくだんそう）**　断層面をはさんで、上盤が下盤に対し相対的にずり上がっている断層。地殻に水平方向に圧縮する力が働いて発生する。（⇔正断層）
**級化構造（きゅうかこうぞう）**　一枚の地層の中で、下から上に向かって粒の大きさが小さくなっていく堆積構造。級化層理ともいう。
**給源岩脈（きゅうげんがんみゃく）**　マグマだまりからのびて地表にマグマを供給する役割をしている岩脈。フィーダーダイク（フィーダー:供給するもの、ダイク:岩脈）ともよばれる。

**急冷縁（きゅうれいえん）**　貫入岩体や溶岩の表面が、急速に冷やされて固結し、ガラス質または細粒になった縁の部分。水中に噴出したマグマでは、岩塊を包む黒色ガラスになっていることが多い。

**凝灰角れき岩（ぎょうかいかくれきがん）**　火山岩塊や火山れきが多量の火山灰に埋められている火砕岩。（☞p.107豆知識「様々な火砕岩」）

**凝灰岩（ぎょうかいがん）**　火山灰でできた地層が押し固められてできた岩石。軽石を多くふくむものは軽石凝灰岩という。

**凝灰質（ぎょうかいしつ）**　堆積岩に火山灰が多くふくまれているときにつける語。

**玉ずい（ぎょくずい）**　玉髄。岩石の空洞などに、マグマの熱水から晶出した石英の微小な結晶がち密に集合してできた岩石。色は均質でとても硬い。色が帯状、同心状のものはメノウとよばれる。

**黒雲母（くろうんも）**　岩石をつくる有色鉱物の一種。形のよいものは六角板状で、うすくはがれやすい性質をもつ。花こう岩や流紋岩など、酸性の火成岩に多い。

**ケイソウ**　水中の単細胞生物の植物で、ガラス質の殻をもつ。地層中に堆積した殻は化石となる。水質により生息する種類がことなるので、地層中の化石を調べると堆積環境が推定できる。

**頁岩（けつがん）**　泥岩が圧密を受けて、はがれやすい性質をもった岩石。

**玄武岩（げんぶがん）**　ケイ酸分（$SiO_2$）が少なく、粘り気の小さなマグマが地表や地表近くで冷えてできた火山岩。有色鉱物に輝石やかんらん石をふくむ。

**コアストーン**　花こう岩質の岩石に特有な風化形態のひとつ。岩体の節理などに雨水が浸入して風化が進み、未風化の部分が岩塊として残されたもの。

**向斜（こうしゃ）**　褶曲している地層の谷になっている部分。谷の中心ののびている方向が向斜軸。（⇔背斜）

**更新世（こうしんせい）**　新生代第四紀の中の地質時代のひとつ。258万〜1万1700年前。

**黒曜岩（こくようがん）**　→黒曜石

**黒曜石（こくようせき）**　ガラス質の黒色〜灰黒色の火山岩。流紋岩質マグマが冷えてできる。成長した結晶が集合して点状、縞状、球顆状になることがある。割れ口は鋭く、貝殻状断口を示す。太古から石器の母材として利用されている。北海道では十勝、白滝などが産地として有名。

**互層（ごそう）**　質の違う層が交互に重なってできている地層。

**古第三紀（こだいさんき）**　新生代の6600万〜2303万年前までの地質時代。古い方から暁新世（ぎょうしんせい）、始新世、漸新世に分けられる。

**コンクリーション**　地層中に形成された、球状や不定形をした硬いかたまり。ノジュールともいう。海底に埋もれた生物の遺骸などからしみ出た炭素成分が、海水中のカルシウムと結びつき、遺骸を包むように炭酸カルシウムが沈殿しかたまりとなったもの。内部に化石がふくまれていることもある。

**混濁流（こんだくりゅう）**　→タービダイト

【さ】

**最終間氷期（さいしゅうかんぴょうき）**　第四紀には寒冷な氷河期と温暖な間氷期が何度かくりかえされており、そのうち約13万〜7万年前のいちばん新しい温暖な時期をさす。

**砕屑岩脈（さいせつがんみゃく）**　様々な砕屑物からなる岩脈。砂岩岩脈、泥岩岩脈などがある。成因は、開いた割れ目に砕屑物が流入する、砕屑物が液状化し割れ目に注入されるなどが考えられる。

**砂岩（さがん）**　砂の地層が固まってできた岩石。粒径は2〜1/16mm。

**ザクロ石（ざくろいし）**　火成岩や変成岩中に産する鉱物。ころころとした結晶で、ふくまれる成分によって様々な色を示す。

**砂州（さす）**　岬や半島から海へ細長くのびた砂れきの地形で、湾や入江をほとんどふさぐもの。

**酸性（さんせい）**　地質学では、シリカ（$SiO_2$）成分に富むことをいう。（⇔塩基性）

**ジグソークラック**　岩屑なだれ堆積物で、岩塊にできたジグソーパズルのような割れ目のこと。

**自然堤防（しぜんていぼう）**　川が氾濫したときに水路の両側に土砂が堆積してできた小高い地形。川沿いが高く、川から離れるにしたがってゆるくなる堤防状の高まり。

**磁鉄鉱（じてっこう）**　火成岩にごく普通に見られる不透明鉱物のひとつ。酸化鉄。磁石につく。

**斜長石（しゃちょうせき）**　長石の中でナトリウム・カルシウムを主成分とするもの。たいていの岩石にふくまれている白っぽい柱状の鉱物。

**斜方輝石（しゃほうきせき）**　火成岩に普通に見られる有色鉱物のひとつ。輝石のうち、斜方晶系という結晶系に属するもの。肉眼ではビール瓶のかけらのような色に見えるものが多い。

**褶曲（しゅうきょく）**　地層などの層状になった岩石が、波状に変形していること。

**ジュラ紀（じゅらき）**　中生代の中の地質時代のひとつ。2億100万〜1億4500万年前。

**縄文海進（じょうもんかいしん）**　約1万年前から始まり、6000年前ころに最盛期を迎えた海進。当時は縄文時代にあたることからこのようによばれる。最盛期には現在より海水面が3mほど高く、陸地の奥深くまで海が入り込み、内湾を形成した。

**シルト（岩）(しると（がん))**　砂と粘土の中間の粒度の砕屑粒子。粒の大きさは1/256〜1/16mm。これが固まったものがシルト岩。

**真珠岩（しんじゅがん）**　ほとんどガラス質からなる流紋岩で、玉ねぎ状の多数の割れ目がある。

**深成岩（しんせいがん）**　マグマが地下深くでゆっくり冷え固まってできた岩石。等粒状組織を示す。花こう岩、閃緑岩、はんれい岩が代表的。

**新第三紀（しんだいさんき）**　2303万〜258万年前までの地質時代。中新世と鮮新世に分けられる。

**スコリア**　ガスが抜けてたくさんの孔が開いた黒っぽい火山噴出物。つくりは軽石と同じ。玄武岩質のマグマが発泡してできる。

**スランプ構造（すらんぷこうぞう）**　まだ固まっていない地層が、何らかの原因で二次的に移動や流動（スランプ）したときにできた構造。断裂シートやブロック、褶曲、れき化など様々な形態がある。

**整合（せいごう）**　地層がほぼ連続して堆積しているときの重なり方をいう。（⇔不整合）

**生痕化石（せいこんかせき）**　地層や化石に残された生物の生活の跡。生物の遺体ではなくても化石という。巣穴のほかに足跡、はい跡、食べ跡など様々なものがある。

**成層火山（せいそうかざん）**　円錐形をした富士山型の火山。山体は火口から噴出した溶岩と火砕物が重なってつくられている。噴火や地震などで大規模に崩壊することがある。

**石英（せきえい）**　岩石をつくる鉱物の一種。ガラスと同じ成分（$SiO_2$）でできている。高温で結晶になったものは、六角のそろばん玉状。低温で大きくのびた結晶になったものは水晶とよばれる。

**石灰岩（せっかいがん）**　温かく浅い海底に石灰質の殻をもつ生物の遺骸やその破片が堆積してできた堆積岩の一種。日本の石灰岩の多くは海山の頂部に成長したサンゴ礁がもとになっている。

**石基（せっき）**　火山岩の結晶の間を埋めている物質。細かな結晶や火山ガラスからなる。

**節理（せつり）**　岩石に発達する平面的な割れ目のこと。マグマが急に冷えるときには、冷やされる面に対して垂直方向に割れ目ができることが多い。岩石に力がかかったり、かかっていた力が解放されるときにできるものもある。

**扇状地（せんじょうち）**　川が山地から平野などに出るところで、運搬してきた砂やれきを堆積させてつくる扇形の地形。川が海に出るところで海底にできることもある。

**鮮新世（せんしんせい）**　新生代新第三紀の中の地質時代のひとつ。533万～258万年前。

**漸新世（ぜんしんせい）**　新生代古第三紀の中の地質時代のひとつ。3390万～2303万年前。

**走向（そうこう）**　地層の層理面などに水平面をあてたときに、水平面と接する直線の方向をさす。地質調査では、地層の広がりを調べるために測定される。

**層準（そうじゅん）**　地層の重なりの中で、ある特定の位置をさす語。

**層序（そうじょ）**　地層の上下の重なり方や順序のこと。

**層相（そうそう）**　地層を総合的にとらえた性質や特徴のこと。

**層理面（そうりめん）**　地層が積み重なったときに、境目となっている面のこと。1枚の地層の表面。

**【た】**

**堆積岩（たいせきがん）**　堆積物が積み重なり、固結してできた岩石。

**第四紀（だいよんき）**　258万年前～現代までの地質時代。更新世と完新世に分けられる。

**竪穴住居（たてあなじゅうきょ）**　地面を掘り込み、そこに家の骨組みとなる柱を立てて、その上からヨシなどの植物で屋根をふいた住居。縄文時代や擦文（さつもん）時代に特徴的な住居。

**タービダイト**　砂や泥が交じった流れ（混濁流）が、海底の斜面を流れ下ってできた堆積物。

**タフォニ**　塩類風化によってつくられた、岩石や地層の表面に円形や楕円形などの穴のようにへこんだ浸食微地形。岩石にしみ込んだ海水飛沫が乾燥して結晶となるときに、その圧力で岩石の鉱物や粒子を表面からはがしていくことによってつくられる。

**炭化木片（たんかもくへん）**　木片が炭になったもの。火砕流中のものは、高温の火山灰に取り込まれた木片が蒸し焼きにされてできたものが多い。

**段丘崖（だんきゅうがい）**　段丘面が浸食されて崖になっているところ。段丘面の下にある地質や段丘面をおおう段丘堆積物が観察できる。

**段丘堆積物（だんきゅうたいせきぶつ）**　段丘の平坦面をおおっている堆積物。段丘の成因や形成過程により砂れき、泥炭、火山灰など様々な堆積物が見られる。

**段丘面（だんきゅうめん）**　段丘をつくる平坦面のこと。かつての河床、海底、湖底だった部分。

**炭酸カルシウム（たんさんかるしうむ）**　貝殻やサンゴなどの骨格の主成分。化学式は$CaCO_3$。コンクリーションやノジュールは炭酸カルシウムで硬くなっている。

**単斜輝石（たんしゃきせき）**　火成岩に普通に見られる有色鉱物のひとつ。輝石のうち、単斜晶系という結晶系に属するもの。肉眼では緑色のガラスのかけらのように見えるものが多い。

**断層（だんそう）**　岩石や地層に力が働いて破壊面ができたとき、面の両側でずれがあるもの。

**断層崖（だんそうがい）**　断層が動いたために、地表に現れた急崖や急斜面。

**地殻（ちかく）**　地球の表面をとりまく岩石の層。大陸は玄武岩層とそれに重なる花こう岩層からなり厚さ30～40km、海洋は厚さ10kmに満たない玄武岩層からなる。

**地殻変動（ちかくへんどう）**　長い年月にわたる大地の運動によって、地表に現れた土地の移動や変形のこと。最近は電子基準点などの測量網整備により微小な地殻の動きが高精度に測定されている。

**チャート**　硬くち密な石英質の堆積岩の一種。深海底に放散虫などの石英質の殻をもつ微生物の遺骸が堆積してできる。

**柱状節理（ちゅうじょうせつり）**　溶岩や溶結凝灰岩に見られる柱を束ねたような形になっている節理。冷やされる面から垂直に発達する。柱状節理の断面の多くは、四角形〜六角形を示す。

**中新世（ちゅうしんせい）**　新生代新第三紀の中の地質時代のひとつ。2303万〜533万年前。

**中生代(ちゅうせいだい)**　約2億5200万〜6600万年前までの地質時代。古い方から三畳紀、ジュラ紀、白亜紀に分けられる。恐竜の全盛時代。

**沖積低地（ちゅうせきていち）**　1万1600年前に氷河時代が終わってから、現在まで形成が続いている河岸や海岸の低地をさす。

**鳥瞰図（ちょうかんず）**　空を飛ぶ鳥から地表を見たときのように地表を立体的に表した図。

**長石（ちょうせき）**　岩石をつくる白っぽい柱状の鉱物で、ナトリウム・カルシウムを主成分とする斜長石とナトリウム・カリウムを主成分とするアルカリ長石がある。劈開面で一方向に割れやすい性質がある。

**沈降（ちんこう）**　地殻がしだいに沈んでいく運動。(⇔隆起)

**泥岩（でいがん）**　泥の地層が固まってできた岩石。粒径は1/256mm以下。

**泥炭（でいたん）**　湿地に生えた植物が、枯れてからもあまりくさらずに積み重なってできる堆積物。

**電子基準点(でんしきじゅんてん)**　国土地理院が管理するGNSS(衛星測位システム)を使った測量の基準点。約20km間隔で全国に1300か所ほど設置されており、地殻変動を連続監視している。

**転石（てんせき）**　地面にころがっている石。川などでは、上流の地質を知る手がかりになる。

**土石流（どせきりゅう）**　土・砂・れきなどが水と混じり合いながら斜面を流れ下る現象。浸食力がたいへん強く、大きな岩や流木を巻き込みながら斜面を削っていくため、流下するにつれて体積が増え、被害を大きくする。山津波。

**トンボロ**　海岸から離れた島と陸をつなげている砂州のこと。

**【な】**

**流れ山（ながれやま）**　火山体の一部が崩壊して岩屑なだれが発生したとき、細かく砕かれずに残った火山体の破片が小山のように突出している地形。形や大きさは様々で、高さは数mから100mを超えるものまである。

**熱水（ねっすい）**　地殻内を流動する高温の溶液。水を主成分とするが、様々な成分が溶解しており、鉱床の生成に重要な役割を果たす。熱水の起源は、地表水、海水、マグマから分離した水など。温度は50〜800℃。

**粘板岩（ねんばんがん）**　泥岩が変成を受けてうすくはがれやすい性質をもった岩石。スレートともいう。屋根がわらなどの石材としても利用される。

**【は】**

**ハイアロクラスタイト**　水冷破砕岩（すいれいはさいがん）ともいう。水中に噴出したマグマが急冷されて、岩石の破片や火山灰となり、それらが入り交じって水底に堆積したもの。角れきを埋める火山灰も同質で、異種の角れきの混入は少ない。本書では、明確に水冷破砕による堆積物と判断できるときに用いている。

**背斜（はいしゃ）**　褶曲している地層の山なりになっている部分。(⇔向斜)

**白亜紀（はくあき）**　中生代の中の地質時代のひとつ。1億4500万〜6600万年前。

**波食甌穴（はしょくおうけつ）**　→ポットホール

**波食溝（はしょくこう）**　波食棚に見られる溝状の微地形。層理、節理、断層などの軟らかい部分が波によって選択的に浸食されてできる。大きくなると波食棚を破壊する。

**波食棚（はしょくほう）**　海食崖の波打ちぎわから沖に向かって発達する、岩が平らに削られた地形。ベンチ、海食棚ともいう。

**板状節理（ばんじょうせつり）**　岩体に発達する節理で、節理面が平行に重ねた板のようになっている割れ目。

**氾濫原（はんらんげん）**　河川の洪水で生じたゆるやかな土地。自然堤防、後背湿地、河道跡などの微地形が見られる。

**pH（ピーエイチ）**　水溶液の酸性･アルカリ性を表す指数。中性が7で、それより数字が小さいほど酸性が強く、数字が大きいほどアルカリ性が強くなる。

**風化（ふうか）**　岩石が地表で風雨などにさらされて、細かな粒になったり、変質して粘土鉱物などになること。

**付加体（ふかたい）**　海溝で大陸プレートの下に海洋プレートが沈み込むときに、海洋プレート上の海底の堆積物や海山などがはぎ取られるように、大陸プレートの先端部に付加してできた地質体。（☞p.84豆知識「付加体」）

**腐植（ふしょく）**　地表に生えた植物の遺体などがもとになってできた土壌中の有機物。腐植が集積した層は黒色に見える。

**不整合（ふせいごう）**　海底に堆積した地層などが、隆起して陸となり、風化･浸食を受けたのち、再び沈降して新たな地層がその上に堆積しているとき、古い地層と新しい地層の関係をいう。かつて浸食を受けていた地表面は不整合面として現れる。（⇔整合）

**プレート**　地球の表面をおおっている厚さ約100kmの十数枚の岩盤。大洋底をつくる海洋プレートと大陸に分布する大陸プレートがある。海嶺で生まれた海洋プレートは、長い年月をかけて移動したのち、海溝で大陸プレートの下に沈み込む。

**劈開（へきかい）**　結晶に力を加えたときに、特定の方向で平面に割れやすい性質。割れた平面を劈開面という。鉱物ごとに、結晶構造による劈開のできやすさと劈開面の方向が決まっている。

**片岩（へんがん）**　線状または面状の構造が発達した変成岩の総称。広域変成作用でつくられる。

**変成岩（へんせいがん）**　岩石が高温や高圧による変成作用を受けて、もとの鉱物やつくりが変化してできた岩石。

**片理（へんり）**　岩石中に発達する線状、またはうすい面状の構造。片岩に特徴的に発達する。

**放射状節理（ほうしゃじょうせつり）**　柱状節理が放射状に配列しているもの。丸みをおびた溶岩の表面が冷えるときにできた節理が、表面から溶岩体の中心に向かってのびることによってできる。

**方状節理（ほうじょうせつり）**　四角（直方体）に割れている節理。花こう岩質の岩体に多く発達する。

**捕獲岩（ほかくがん）**　火成岩中に見られる別種の岩石片。マグマだまりや火道のまわりの岩石が取り込まれたもの。母岩と成因が同じ同源捕獲岩もある。

**北海道南西沖地震（ほっかいどうなんせいおきじしん）**　1993年7月12日午後10時17分ころ、奥尻島の北方の日本海海底で発生した地震。震源の深さは35km、マグニチュードは7.8とされる。奥尻島では推定震度6、江差、寿都などでは震度5を記録した。地震発生後、数分で奥尻島および渡島半島の日本海側を大津波が襲い、死者･行方不明者230人という戦後の北海道地震災害で最大の惨事となった。津波の高さは奥尻島の西海岸で最大約30m、渡島半島西岸で最大7～8mに達した。

**ポットホール**　河床や川岸の岩盤に見られる円形の深い穴。岩石の割れ目やくぼみに入った小石が、水流によってころがりながら岩盤を円形に浸食したもの。甌穴ともいう。波食棚にも見られる。

**ボーリング**　機械で地中に細長い孔を掘ること。調査の目的によって様々な方法がある。

**ホルンフェルス**　地層の岩石がマグマと接して、その熱で変成してできた岩石。とても硬く、割れると割れ口が角（ホルン）のように鋭くなることからこの名前がついた。

**【ま】**

**マキヤマ**　海綿動物の一種の化石で長さ約5cm、直径5mmほどの白色管状をしている。日本の中新世の砂岩や泥岩層に多産する。学名は*Makiyama chitanii*。

**マグマ**　地下に存在する、岩石がどろどろに溶けたもの。温度は1000℃内外。冷えて固まると火成岩になる。

**マグマだまり**　地下深くから上がってきたマグマが、地下数kmのところで一時的にたまっているところ。ここから上昇したマグマが地表に出ると噴火が起こる。

**枕状溶岩（まくらじょうようがん）**　丸みをおびたかたまりからなる溶岩。玄武岩質の溶岩が水中に噴出したときにできやすい。チューブ状にのびた溶岩の先端部が割れて、内部の溶岩がしぼり出され、つぎつぎと重なる。断面には放射状の節理が発達し、表面はガラス質の急冷縁で包まれる。

**メランジュ**　付加体などに見られる様々な種類の岩石が複雑に交じりあった地質体。もとは混合を意味するフランス語。日本語ではメランジ、メランジェともいわれる。

**【や】**

**有孔虫（ゆうこうちゅう）**　おもに石灰質の殻をもつ原生生物。殻には無数の孔があり、そこから糸状の仮足がのびる。海底にすむものと、海中を浮遊するものに分かれる。化石をふくめて25万種以上が知られており、時代と環境により構成種が変わるので、各種の指標生物とされる。

**有色鉱物（ゆうしょくこうぶつ）**　無色・白色以外の色がついている鉱物。（⇔無色鉱物）

**溶岩（ようがん）**　地表に噴出したマグマ、またはそれが固結したもの。

**溶岩ドーム（ようがんどーむ）**　粘り気のある溶岩が噴出して急傾斜の丘状や鐘状になった火山。溶岩円頂丘ともいう。

**溶結（ようけつ）**　一度堆積した火山灰などの粒が、高温のために再びとけ出し、粒どうしがくっつき合うこと。火山の火口付近に堆積した高温の堆積物や、厚い火砕流堆積物の内部で起こる。

**溶結火砕岩（ようけつかさいがん）**　噴火で火口付近に厚く堆積した火砕物が、冷える前に溶結したもの。

**溶結凝灰岩（ようけつぎょうかいがん）**　火口から噴出した火山灰や軽石が、高温を保って堆積したためにふたたび粒がくっつき合って固まってできた凝灰岩。強溶結した部分には、火砕物の自重で押しつぶされた軽石がレンズ状のガラスとなっていることがある。

**【ら】**

**ラミナ**　葉層（ようそう）・葉理ともいう。地層の断面に見られる細かな筋状のもので、粒の大きさや色などの違ううすい層が積み重なるためにできる。

**陸繋島（りくけいとう）**　砂州によって陸地とつながった島のこと。

**隆起（りゅうき）**　地殻が広い範囲にわたってもち上がること。（⇔沈降）

**流紋岩（りゅうもんがん）**　火山岩の一種で、ガラス質成分に富む岩石。石英、長石、黒雲母などの斑晶をふくむ。固化する前のマグマは粘り気が強く、流理構造をつくることが多い。

**流理構造（りゅうりこうぞう）**　マグマが冷えるときに流動したことがわかる線状の構造をさす。

**緑色岩（りょくしょくがん）**　海底火山活動にともなって噴出した玄武岩質の岩石が変質して緑色になった岩石。

**緑泥石（りょくでいせき）**　緑色の変質鉱物の一種。岩石が熱水変質などを受けると多量の緑泥石が生成され、岩石全体が緑色となる。

**露頭（ろとう）**　地層や岩石が地表に現れている露出のこと。植物が生えていない崖や沢筋、河床に多く、地質調査のポイントになる。工事などで土地が大きく削られたときも、露頭となる。

**ローム**　粘土、シルト、砂からなる褐色の混合物。大陸から飛来した黄砂や火山灰堆積地から風で巻き上げられた塵などが堆積したもの。

## 本書掲載エリアの地質がわかるホームページ・博物館など

**●北海道地質百選**

http://www.geosites-hokkaido.org

**●地質図Navi**

https://gbank.gsj.jp/geonavi/

**●黒松内町の貝化石**

http://bunacent.host.jp/kaidata.html

**●国立研究開発法人産業技術総合研究所地質調査総合センター**

https://www.gsj.jp/

**●函館市縄文文化交流センター**

〒041-1613 函館市臼尻町551-1　TEL 0138-25-2030

**●ピリカ旧石器文化館**

〒049-4151 瀬棚郡今金町字美利河228-1　TEL 0137-83-2477

**●黒松内町ブナセンター**

〒048-0101 寿都郡黒松内町字黒松内512-1　TEL 0136-72-4411

**●道の駅 しかべ間歇泉公園**

〒041-1402 茅部郡鹿部町字鹿部18-1　TEL 01372-7-5655

**●奥尻島津波館**

〒043-1521 奥尻郡奥尻町字青苗36　TEL 01397-3-1811

## [参考・引用文献]


『1:25,000都市圏活断層図「函館」』平川一臣・今泉俊文・池田安隆・東郷正美・宇根 寛　国土地理院技術資料　D1-No.375　2000
『1993年7月12日北海道南西沖地震全記録』北海道新聞社　1993
『1997年8月北海道島牧村第二白糸トンネルを破壊した新第三紀ハイアロクラスタイトの岩盤崩落』山岸宏光・志村一夫　地質学雑誌　第103巻第10号　XXXIII-XXXIV　1997
『相沼地域の地質　地域地質研究報告（5万分の1図幅）』沢村孝之助・秦 光男　地質調査所　1981
『地球科学選書　火山』横山 泉・荒牧重雄・中村一明 編　岩波書店　1992
『地質あんない　道南の自然を歩く』地学団体研究会道南班編　北海道大学図書刊行会　1989
『カラー図解 地球科学入門 地球の観察ー地質・地形・地球史を読み解く』平 朝彦・国立研究開発法人 海洋研究開発機構　講談社　2020
『恵山火山地質図』三浦大助・古川竜太・荒井健一　火山地質図 no.21　産業技術総合研究所地質調査総合センター　2022
『恵山の火山災害に備える！！　恵山火山防災ハンドブック』函館市　2016
『フィールドガイド日本の火山③ 北海道の火山』高橋正樹・小林哲夫編　築地書館　1998
『フィールドジオロジー4 シーケンス層序と水中火山岩類』保柳康一・松田博貴・山岸宏光　共立出版　2006
『フィールドジオロジー5 付加体地質学』小川勇二郎・久田健一郎　共立出版　2005
『フィールドマニュアル 図説 堆積構造の世界』伊藤慎総編　朝倉書店　2022
『5万分の1地質図幅「恵山」および同説明書』藤原哲夫・国府谷盛明　北海道立地下資源調査所　1969
『5万分の1地質図幅「江差」および同説明書』角 靖夫・垣見俊弘・水野篤行　北海道開発庁　1970
『5万分の1地質図幅「五稜郭」および同説明書』長谷川潔・鈴木 守　北海道立地下資源調査所　1964
『5万分の1地質図幅「函館」および同説明書』三谷勝利・小山内熙・松下勝秀・鈴木 守　北海道立地下資源調査所　1965
『5万分の1地質図幅「原歌および狩場山」および同説明書』山岸宏光・黒沢邦彦　北海道立地下資源調査所　1987
『5万分の1地質図幅「駒ヶ岳」および同説明書』嵯峨山積　北海道立地下資源調査所　1986
『5万分の1地質図幅「濁川」および同説明書』松下勝秀・鈴木 守・高橋功二　北海道立地下資源調査所　1973
『5万分の1地質図幅「大沼公園」および同説明書』三谷勝利・鈴木 守・松下勝秀・国府谷盛明　北海道立地下資源調査所　1966
『5万分の1地質図幅「尾札部」および同説明書』庄谷幸夫・高橋功二　北海道開発庁　1967
『5万分の1地質図幅「瀬棚」および同説明書』佐川昭・植田芳郎　北海道開発庁　1969
『5万分の1地質図幅「鹿部」および同説明書』国府谷盛明・松井公平・小林武彦　北海道開発庁　1967
『5万分の1地質図幅「寿都」および同説明書』鈴木守・山岸宏光・高橋功二・庄谷幸夫　北海道立地下資源調査所　1981
『5万分の1地質図幅「東海」および同説明書』鈴木守・長谷川潔・三谷勝利　北海道開発庁　1969
『5万分の1地質図幅「歌棄」および同説明書』山岸宏光　北海道立地下資源調査所　1984
『函館平野とその周辺の地形ーとくに西縁の活断層に関連して—』太田陽子・佐藤 賢・渡島半島活断層研究グループ　第四紀研究　第33巻　第4号　p.243-259　1994
『函館市史　通説編第1巻』函館市　1980
『北海道ビーチコーマーズガイド～北の海辺のたからさがし～』鈴木明彦・圓谷昂史　北海道海岸生物研究会　2014
『北海道亀田郡七飯町産の鳴川安山岩にみられる「半球面レンズ状節理」』中嶋 久・新井田清信　地球科学　58巻　3号　p.179-184　2004
『北海道駒ヶ岳火山地質図』勝井義雄・鈴木建夫・曽屋龍典・吉久康樹　地質調査所　1989
『北海道駒ヶ岳火山の噴火履歴』吉本充宏・宝田晋治・高橋 良　地質学雑誌　第113巻 補遺　日本地質学会第114年学術大会見学旅行案内書　p.81-92　2007
『北海道駒ヶ岳の最初期テフラの発見と初期噴火活動史の検討』鴈澤好博・紀藤典夫・柳井清治・貞方 昇　地質学雑誌　第111巻　第10号　p.581-589　2005
『北海道の地名』日本歴史地名大系第一巻　平凡社　2003
『北海道の地震と津波』笠原 稔・鏡味洋史・笹谷 努・谷岡勇市郎　北海道新聞社　2012
『北海道の活火山』勝井義雄・岡田 弘・中川光弘　北海道新聞社　2007
『北海道奥尻島、勝澗山火山の噴出物と構造』鹿野和彦・吉村洋平・石山大三・Geoffrey J.Orton・大口健志　火山　第51巻　第4号　p.211-229　2006
『北海道渡島半島江差付近の海岸段丘』大森博雄　第四紀研究　第14巻　第2号　p.63-76　1975
『北海道自然探検 ジオサイト107の旅』石井正之・鬼頭伸治・田近 淳・宮坂省吾編著　北海道大学出版会　2016
『人類と気候の10万年史』中川 毅　講談社　2017
『角川日本地名大辞典1北海道地名編 上巻・下巻（OD版）』「角川日本地名大辞典」編纂委員会 角川書店　2009
『海域に流入した北海道駒ヶ岳火山1640年岩屑なだれ堆積物の分布と体積推定』吉本充宏・古川竜太・七山 太・西村裕一・仁科健二・内田康人・宝田晋治・高橋 良・木下博久　地質学雑誌　第109巻　第10号　p.595-606　2003
『花崗岩地形の世界』池田 碩　古今書院　1998
『国道229号乙部町館浦岩盤崩壊への対応』国土交通省北海道開発局函館開発建設部　乙部町意見交換会資料　p.1-48　2021
『久遠地域の地質　地域地質研究報告（5万分の1図幅）』吉井守正・秦 光男・村山正郎・沢村孝之助　地質調査所　1973
『熊石地域の地質　地域地質研究報告（5万分の1図幅）』秦 光男　地質調査所　1975
『久根別川水系河川整備基本方針』北海道　2022
『国縫地域の地質　地域地質研究報告（5万分の1図幅）』石田正夫　地質調査所　1983
『松前地域の地質　地域地質研究報告（5万分の1図幅）』秦 光男・箕浦名知男・大沼晃助・加藤 誠　地質調査所　1990
『日本地方地質誌1 北海道地方』日本地質学会編

朝倉書店　2010
『日本化石図譜』鹿間時夫　朝倉書店　1964
『日本の地形2　北海道』小疇 尚・野上道男・小野有五・平川一臣編　東京大学出版会　2003
『日本の地質1　北海道地方』日本の地質『北海道地方』編集委員会編　共立出版　1990
『日本の地質　増補版』日本の地質増補版編集委員会編　共立出版　2005
『奥尻島北部及び南部地域の地質　地域地質研究報告（5万分の1図幅）』秦 光男・瀬川秀良・矢島淳吉　地質調査所　1982
『大沼国定公園パークガイド　大沼』財団法人自然公園財団　2009
『渡島福島地域の地質　地域地質研究報告（5万分の1図幅）』山口昇一　地質調査所　1977
『渡島帯付加体の内部構造』川村信人・大津 直・寺田 剛・安田直樹　日本地質学会第101年学術大会見学旅行案内書　p.175-196　1994
『*Pyroclastic Rocks*』R.V.Fisher・H.-U.Schmincke　Springer-Verlag 1984
『西南北海道黒松内地域の瀬棚層の貝類化石群』鈴木明彦　地球科学　43巻　5号　p.277-289　1989
『西南北海道の中・古生層の地質構成と産状』川村信人・田近 淳・川村寿郎・加藤幸弘　地団研専報31号　北海道の地質と構造運動　p.17-32　1986
『西南北海道寿都半島における新第三系と火山活動』岡村 聰　地質学雑誌　第90巻　第6号　p.383-391　1984
『新版　地学事典』地学団体研究会編　平凡社　1996
『新編　火山灰アトラス―日本列島とその周辺』町田 洋・新井房夫　東京大学出版会　2003
『知内地域の地質　地域地質研究報告（5万分の1図幅）』山口昇一　地質調査所　1978
『東北日本北部における後期更新世海成面の対比と編年』宮内崇裕　地理学評論　61(Ser.A)-5　p.404-422　1988
『揺れ動く大地　プレートと北海道』木村 学・宮坂省吾・亀田 純　北海道新聞社　2018

## あ と が き

北海道の『地形と地質』をテーマに取り上げた本シリーズも5冊目となりました。道南には、まだあまり知られていない見どころが数多くあります。本書を読んだ方が現地を訪れて、その景色に感動し新たな発見をしていただけたら、本書を作成した目的が達成されたといえます。

読者の理解を助けるために、地理院タイル以外の写真や図は、すべてオリジナルのものを掲載しました。もし本書の解説等に間違いやわかりにくい部分がありましたら、それはひとえに私個人の力不足によるものですのでご容赦願います。

本書の執筆、編集にあたり鴈澤好博氏には、本書の素稿全体に目を通していただき細部にわたり貴重なご示唆をいただきました。北海道教育大学名誉教授の岡村 聰氏には寿都周辺を案内していただくとともに、原稿についてご教示をいただきました。北海道教育大学札幌校の鈴木明彦教授には、瀬棚層の貝化石を鑑定していただきました。黒松内町ブナセンター環境教育指導員の水本絵夢氏、貝化石ボランティアの亀水良子氏には、黒松内地域の露頭と貝化石について情報提供していただきました。北海道新聞社事業局出版センターの横山百香氏、佐々木学氏には、本書の出版ならびに編集の細部にわたりご尽力いただきました。以上の皆様に記して心よりお礼申し上げます。

2024年2月　　　　　　　　　　　　著者

**【訂正】** 本シリーズの『見に行こう！大雪・富良野・夕張の地形と地質』に以下のような誤りがありました。訂正してお詫びいたします。

p.84最終行　　誤　N23° E　→　正　N5° E

**前田 寿嗣**（まえだ としつぐ）

1958年、札幌生まれ。日本地質学会会員。
北海道教育大学札幌分校卒業後、札幌市内の小中学校や札幌市青少年科学館に勤務。
2019年3月末、札幌市立北野中学校校長を最後に定年退職。
石狩平野南部に分布する火山灰や、クッタラ火山の噴出物、空知周辺の新第三紀の凝灰岩の研究を行う。地形・地質を通した身近な自然の見方を広めるため、普及書の作成を進めている。
著書に『歩こう！札幌の地形と地質』（絶版）、『行ってみよう！道央の地形と地質』（絶版）、『新版　歩こう！札幌の地形と地質』『見に行こう！大雪・富良野・夕張の地形と地質』『見る感じる 驚く！道東の地形と地質』（北海道新聞社）、共著書に『札幌の自然を歩く（第2版）』（北海道大学図書刊行会）、『北海道5万年史』、『続・北海道5万年史』（郷土と科学編集委員会）、『化石ウォーキングガイド全国版』（丸善出版株式会社）がある。

本書に掲載の地形図、断面図および鳥瞰図の一部は、カシミール3D（杉本智彦氏・作）を使用しました。
http://www.kashmir3d.com
QRコードは㈱デンソーウェーブの登録商標です。

カバーデザイン　佐々木 正男（佐々木デザイン事務所）
本文デザイン・DTP　佐々木 栄治（中西印刷株式会社）

**海岸ぐるり！ 道南の地形と地質**

発行日　2024年2月17日　初版第1刷発行
著　者　前田 寿嗣
発行者　近藤 浩
発行所　北海道新聞社
〒060-8711　札幌市中央区大通西3丁目6
出版センター　（編集）TEL. 011-210-5742
（営業）TEL. 011-210-5744
印刷　中西印刷株式会社
製本　岳総合製本所
ISBN978-4-86721-117-5

# インデックスマップ

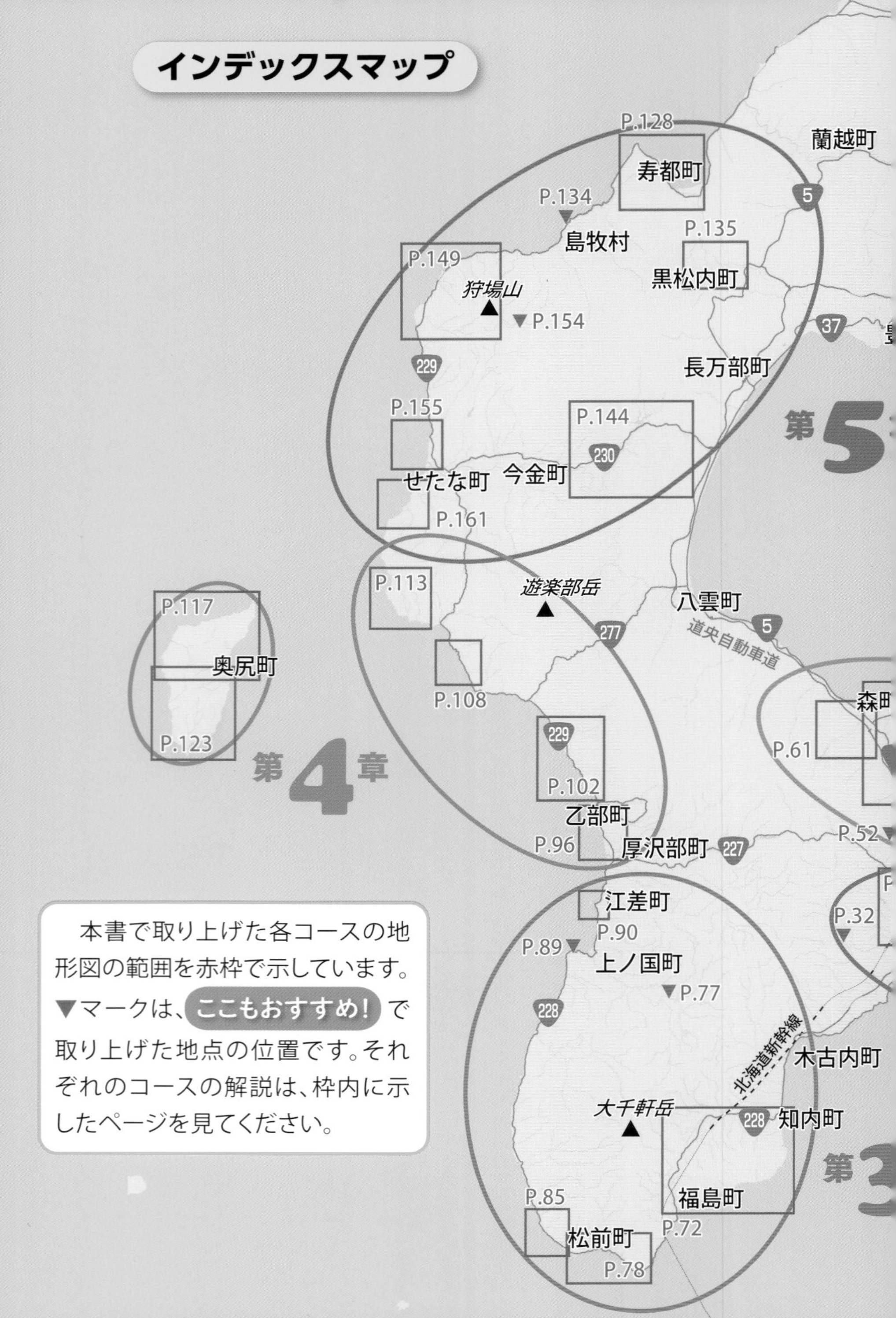


本書で取り上げた各コースの地形図の範囲を赤枠で示しています。▼マークは、ここもおすすめ！で取り上げた地点の位置です。それぞれのコースの解説は、枠内に示したページを見てください。